近未來 & 最新

步兵裝備

圖解檔案

大久保義信／齋木伸生／あかぎひろゆき

瑞昇文化

Prologue

　自古以來一直是陸戰主力的「步兵」，在進入21世紀後，作戰型態不斷地改變。首先在第二次世界大戰期間，步兵變得可以運用卡車和裝甲車來進行移動，基於自動武器的普及，而增加火力差距的懸殊。在越戰中，加入直升機作為移動手段。不過，頭戴鋼盔手持步槍——的姿態依然不改。

　然而，現代步兵身上穿著新材質製造的各種防護裝備、防彈背心成為標準配備，單兵各自裝備通訊、監視設備，讓部隊內及上級司令部共享資訊，甚至控制精密誘導武器。

　此外，少數如影子般存在的特種部隊，不但越來越成為人們關注的焦點，還因為非正規軍的PMC（民間軍事公司（Private Military Company），通稱PMC）的發達，演變成可依國家的規定，把步兵的工作外包出去。
　本書的焦點著重在現代最新步兵的裝備方面上。

大久保義信

CONTENTS

CHAPTER 01

小火器 ———————————————— 033

CHAPTER 02

步兵裝備 ─────── 085

CHAPTER 03

支援兵器 ———————— 115

CHAPTER 04
步兵們的戰場 ——————— 158

SPECIAL CONTENTS

這是近未來&
最新的步兵裝備！

撰文：あかぎひろゆき
圖片：柿谷哲也

由日本陸上自衛隊西部方面普通科連隊示範市售戰術裝備（Tactical Gear）的使用例子。黑色頭盔雖然不具防彈功能，不過輕量的結構設計能減輕對頭部的負擔。

在肩膀部分採用了噴砂加工的ACIES防彈背心。這項研發技術被應用在日本陸上自衛隊普通科隊員用途的新裝備「防彈背心3型」上。

在垂降訓練前，用個人繩索練習打席結的隊員。降下時，穿過雙腿間的繩索扮演凳子的角色，所以可以稱之為座位。

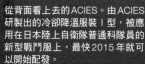

從背面看上去的ACIES。由ACIES研製出的冷卻降溫服裝Ⅰ型，被應用在日本陸上自衛隊普通科隊員的新型戰鬥服上，最快2015年就可以開始配發。

裝備防護面具，採蹲射姿勢的中央特殊武器防護隊的隊員。不清楚圖片中是部隊配發品還是個人物品，只知道穿戴著市售的護膝。

特集 1

這是日本陸上自衛隊的最新步兵裝備！

　　日本陸上自衛隊目前所使用的個人裝備，被稱為「戰鬥套裝」，從制定到現在已經超過20年以上。說到目前各國軍隊的步兵個人裝備，裝備戰術背心及各種包包為一般常見。日本陸上自衛隊則確立了個人裝備的新型態。「新型戰鬥服」與「ACIES（先進個人裝備系統）」套裝內容的「冷卻降溫服裝」極為相似。戰鬥服保留兩邊袖子的部分，身體部分則做成像T恤形狀的服裝。

　　這種穿在防彈背心底下的戰鬥服稱為「戰鬥T恤（Combat Shirt）」，美軍也有使用。另一方面，「戰鬥防彈背心3型」像是將美軍IOTV防彈背心做成緊身型，近似戰術背心型態的防彈背心。這款也酷似ACIES的防彈背心，為了防止槍托底板貼在肩膀時造成滑動，便在兩肩部分加上止滑設計。這些新型裝備，2015年起預備交付給部隊使用。

預定以西部方面普通科連隊（WAiR）為基幹重新編成的水陸機動團，AAV7兩棲人員運輸車是奪島作戰的重要裝備（AAV7參照148P）。

情勢日益高漲的奪島作戰的重要性

像這樣，實力與外國軍隊步兵相當的日本陸上自衛隊的普通科連隊，服裝及個人裝備也逐漸向新型化發展。然而，冷戰時期也是如此，只靠步兵對陸上作戰是絕對不夠的。尤其與中國和韓國之間存在著領土問題，與北韓的綁架問題尚未解決。21世紀日本周圍的安全保障環境起了劇烈變化，日本陸上自衛隊的編成及裝備也有了很大的改變。

對今後的日本陸上自衛隊來說，最現實的課題是離島奪還作戰，這點應該毫無疑問。以日方立場而言，日本固有領土「尖閣諸島」被外國占領時，必須考慮以武力形式奪回。因為領先其他國家對無人島進行有效控制，使得本國領土的主張第一次擁有說服力。尖閣諸島沒有派日本自衛隊常駐，基本上是處於無人狀態。既然日本全體國民認同專守防衛[※]，在外國軍隊登上陸地時，離島就被奪走了。

受到注目的「水陸機動團」

因此，預計實施島嶼奪還作戰的，就是日本陸上自衛隊的普通科部隊。在平

※譯註：僅限遭受攻擊時使用武力

成25年（2013）年策劃的防範計畫大綱中，決定了「水陸機動團」的重新編組，應該說這支是日本陸上自衛隊版本，三千人規模的海軍陸戰隊部隊。水陸機動團為現在的「西部方面普通科連隊」的重要隊員，為幾年後的新編做準備。一般普遍認為預計裝備美國所開發的兩棲運輸車「AAV7A」，一旦島嶼奪還作戰成為現實，將藉由日本海上自衛隊大隅級運輸艦及新型的兩棲登陸艦搭載的LCAC氣墊登陸艇，運送運輸機及直升機所無法搭載的重裝備。

另外，也會藉由日本陸上自衛隊航空科部隊預計裝備的「V-22魚鷹式傾轉旋翼機（V-22 Osprey）」，從直升機母艦（日向級暨出雲號護衛艦）離陸，從空中進行突擊登陸。即使是水陸機動團以外的普通科部隊，之後藉由APC（裝甲運兵車）進行戰場機動已成為常識。接受俗稱八輪裝步戰車的「機動戰鬥車」以及10式戰車等的支援，為日本陸上自衛隊「步兵」的戰鬥。

參加2014年的RIMPAC（環太平洋軍事演習）WAiR的隊員。搭乘Zodiac橡皮登陸艇上岸後的場面。攜帶89式自動步槍，採取持槍預備姿勢警戒中。

圖／柿谷哲也

圖／柿谷哲也

即使渾身沾滿砂土，仍採取立姿射擊姿勢的WAiR隊員。由於是經由水路潛入後上岸，所以一邊持槍89式自動步槍一邊拿著潛水腳蹼。

進行登陸訓練的美國海軍和海軍陸戰隊。白色煙霧是為了隱匿行動而施放，海灘上已經有兩艘LCAC氣墊登陸艇成功上陸。

「ACIES」

日本的高科技步兵

近年來，各國先進軍隊正在研發未來步兵個人裝備。日本也在進行「高科技步兵」的研究開發，在日本稱為「先進個人裝備系統」，英文則稱為「ACIES」。這是由防衛省技術研究總部（以下簡稱技總）所開發，最初的裝備範本為平成19年（2007年）公開，以「防衛省的鋼彈」成為話題的「先進裝備系統（其1）」。

在非軍事迷的一般百姓之中，真的有人認為防衛省正在研發由自衛官操作的巨大戰鬥用機器人。在那之後，經過「先進裝備系統（其2）」，再進一步改良成「ACIES III」。ACIES開發的目的是為了統合「HMD、穿戴式電腦等電子暨資訊器材與防彈裝備等，藉由隊員之間共享各種戰場資訊，大幅提升隊員的戰鬥能力」。

從右後方看過去的ACIES穿戴風格。在冷卻服上搭配防彈背心，上面再裝備一件戰術背心式設計的電子器材攜行裝。

89式自動步槍在基本先進輕量化自動步槍中有影像感應器掛載，可以看到隊員的背上裝有與分隊以上進行戰術通聯及收發ACIES各種資訊的無線裝置本體及天線。

圖／柿谷哲也

日本防衛省在開發鋼彈嗎？

那麼，ACIES是由哪些要素所構成的呢？由上往下看，首先是戴在頭部的整合式頭盔及顯示瞄準系統（HMD），身體部分穿戴類似美軍稱為IOTV防彈背心的「電子器材攜行裝」以及底下穿的防彈背心所構成。更底下則是穿著被稱為「冷卻降溫服裝Ⅰ型，類似美國Crye Precision公司所推出的戰鬥T恤（Combat Shirt）的戰鬥服上衣及褲子。被稱為「冷卻降溫服裝Ⅰ型（輕量靴）」的戰鬥靴，類似美軍叢林靴的設計。此外，改良89式自動步槍的「先進輕量化步槍」也正在進行研發，藉由與ACIES連線，可共享夜視裝置瞄準系統掛載的資訊。像這樣揭開來看，ACIES跟動畫的鋼彈是完全不同的東西，一般人和動畫迷想必是期待落空了。

ACIES以前曾被各媒體以「日本防衛省在開發鋼彈嗎？」的主題報導過，其真面目是被稱為「先進裝備系統」的次世代日本陸上自衛隊個人裝備系統。

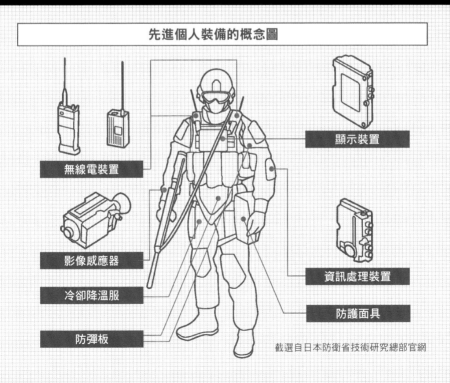

先進個人裝備的概念圖

無線電裝置

影像感應器

冷卻降溫服

防彈板

顯示裝置

資訊處理裝置

防護面具

截選自日本防衛省技術研究總部官網

在美國陸軍戰鬥訓練課程中,進行手榴彈投擲訓練的士兵。穿著稱為UCP,添加數位迷彩的攔截者防彈衣（Interceptor body armor）。

從正面看到穿著MOLLE裝備的美國陸軍士兵。可清楚看到水平（橫向）縫成的PALS（配件掛載系統）用的尼龍織帶。

圖片／PEOSoldier

特集 **2**

這是美國陸軍的最新步兵裝備！

圖／PEOSoldier

採取低姿勢等待UH-60黑鷹通用直升機著陸的美國陸軍士兵。在防彈背心的背部，裝備著取代傳統水壺的絕緣囊袋。

圖／Hillel Eflal

從叢林迷彩時代開始被運用在攜行袋類上的扣拴。為邊啟扣型的樹脂製插扣，當然也大量使用在現在的MOLLE II裝備上。

圖片／PEOSoldier

個人裝備在叢林迷彩時代，各種攜行袋通常是尼龍製品。成為MOLLE裝備後，採用CORDURA高質素防水尼龍布料，耐用性提升。

「MOLLE II 系統」是美國陸軍目前正在使用的最新型步兵用個人裝備。為 Modular Lightweight Load-carrying Equipment 的簡稱，唸作 MOLLE。第一代的 MOLLE 作為之前所使用的「IIFS（Integrated Individual Fighting System）」的後繼者，於 1997 年採用的系統。在防彈背心等上方裝備各種攜行袋類時，使用者可以在喜歡的場所穿戴的個人裝備系統。

無論是特種部隊還是步兵部隊，很多時候會根據任務的種類，將不必要的攜行袋從裝備中卸除。此外，由於每位士兵的體格各異，只要在部隊作戰的規定範圍內，能夠允許錯開攜行袋的配戴位置。因為 MOLLE 的登場，讓個人裝備的組合更換及調整，變得比以往更加容易。

2012年4月，在伊拉克街上巡邏的美國陸軍第101空降（空中突擊）師的士兵。M4卡賓槍上掛載著光學瞄準儀器和雷射瞄準器。

位於駐美國陸軍歐文堡（Fort Irwin）國立訓練中心的史崔克輪式裝甲車。背景中可以看到仿照伊拉克街景所打造而成的訓練用建築物（史崔克輪式裝甲車參照142P）。

MOLLE系統對步兵裝備進行革新

那麼，比IIFS更具劃時代意義的MOLLE，在可拆式攜行袋方面，包括裝有槍彈藥的「彈匣袋」或是手提式無線電機收納用的「無線電攜行袋」、備有繃帶及止血帶等急救用品的「急救袋」等各式各樣的袋類。

另外，不只各種袋類，還可配戴取代傳統水壺，像是絕緣囊袋這類體積較大的裝備。像這樣MOLLE擁有卓越的操作性，而現在出現了在針對提升扣環的耐久性等各部分進行改良的「MOLLE II系統」。MOLLE II系統與1997年登場的第一代MOLLE相比，外觀基本上沒有變化，不過仍是最新型的現用個人裝備。也能從這裡知道MOLLE系統是極具劃時代意義、優越的操作性，且運用彈性高的個人裝備。美國陸軍就像這樣不斷革新步兵個人裝備。

2009年伊拉克。在摩蘇爾街上負責警戒的美國陸軍士兵。可以看到M4卡賓槍的槍身底下，掛載著M203榴彈發射器。

圖片／DoD

穿著OCP（MultiCam多地形）迷彩陸軍戰鬥服的美國陸軍士兵。正在使用觸控筆，操作軍用攜帶型資訊裝置（PDA）。在美軍中無線電不用說，軍用PC等的通訊電子機器，已經普及至基層士兵。

圖／The U.S.Army

在2007年的伊拉克，巴格達市區的熱鬧街道上警戒中的美國陸軍士兵。欲展示全副著裝狀態的MOLLE裝備，以及綁在右大腿上手槍用的戰術腿掛槍套。

圖片／DoD

步兵也在推進網路化

　　但是，只靠這樣無法在現代戰爭中作戰。比起正規軍之間的認真勝負，21世紀的美國陸軍更重視與武裝恐怖組織的戰鬥。尤其是打著「伊斯蘭國」的名號，壓迫敘利亞共和國一部分的武裝恐怖組織，擁有幾乎等同一個軍事小國的軍力，絕對是不能小看的存在。面對這樣的對手，美國陸軍的步兵搭乘八輪裝甲車「史崔克裝甲車」，採用以網路為中心的作戰（NCW，Network Central Warfare）予以對抗。

　　未來的「高科技步兵」，其中一部分已有實際的運用，也和史崔克裝甲車藉由網路鏈接互通。只要運用軍隊的戰術網路，步兵就可以進行比以往更有效率的戰鬥。比方說，被許多武裝恐怖份子包圍，受到集中射擊，仍有搭載重機槍的史崔克裝甲車直接趕來提供火力支援。另外，面對MQ-1A掠食者（Predator）無人攻擊機，也能送出目標的座標資訊，由步兵支援攻擊。

步兵的「今昔」比較

現代步兵裝備考察

昔　以體力來決定勝負？昔日步兵及其變遷

在昔日中世紀歐洲與戰國時代的日本，步兵對陸戰來說，雖然是不可欠缺，卻又受到冷淡對待，就像現代步兵一樣。不僅不會出借軍裝及刀劍步槍等軍方配給品的武器，有時還要自費提供。因此，既無法裝備防護力高的高價鎧甲，就連騎馬的機會也不多。

在那之後，即使創設了近代國家軍隊、甚至後裝步槍變得普及，步兵徒步行軍是為常識。雖說只有一部分，各國步兵藉由軍用卡車進行移動，是在第一次世界大戰的時候。到了第二次世界大戰，步兵的個人裝備武器因半自動步槍和輕型自動槍的普及而在火力上有所提升。

再則，在美國等一部分的國家軍隊中，漸漸可以搭乘裝甲運兵車進行戰場機動。但是世界上大部分的步兵，需要背著沉重的行李做徒步行軍，體力勝負的要素遠比現代來得強烈。

今 具有高度技術的現代步兵

相較之下，現代的步兵在軍裝及個人裝備武器上有了相當大幅度的提升。除了迷彩服，從裝備能夠防住步槍子彈貫穿的防彈背心到夜視裝置，還可搭乘步兵戰車一起在槍林彈雨中作戰。

不僅在裝備層面上有了提升，還要學習高度技術。話雖如此，這是因為步兵被要求執行比冷戰時代更多樣的任務。現代步兵除了地面戰鬥，平時還要進行PKO（國際和平協力事務）的停戰監視，甚至要支援特種部隊執行的反恐作戰。因此現今的步兵，被要求學習過去只有特種部隊才會的垂降及快速繩降、CQB（近身距離作戰）等高度技術。

據說在日本陸上自衛隊第12旅團中，不只普通科全體隊員，普通科職種以外的全旅隊員（包括女性自衛官）都能實施垂降。

現代步兵裝備考察

近未來步兵的作戰方式

步兵網狀化快速進展

如同前面說的，陸戰的型態以及步兵扮演的角色雖然沒有改變，步兵的戰術及裝備卻有了不同於以往的大幅度變化。從1990年代後半起，不斷展開以美國為中心的「軍事事務革命（RMA）」。所謂的

RMA，指的不只是武器，還有對軍隊組織實施高科技化，藉由網路鏈接在一起。

藉由這樣能使各種感應器收集的資訊與全體軍共享，實現有效率又不浪費的戰鬥。作為應用軍事事

務革命的戰術，所誕生出來「網絡中心戰」的概念，從以前就開始萌芽。1970年代的軍艦與軍用飛機早就具備戰術資料鏈功能，被應用在陸戰世界是到了冷戰之後。在21世紀的現代，戰車不用說，就連步兵也轉向網路化發展，高科技步兵陸續出現。在不遠的將來，或許真的會出現裝備動力服（Power Suit）的裝甲化步兵。

近未來步兵裝備／概念圖

先進科技

網路化

高成本化

機動性

步兵應該具備的知識・技術更趨高度化

這是最強作戰集團，

陸戰中，同時具備「普通步兵」無法比擬的高度技術，體力、知性卓越的少數精銳部隊，那就是特種部隊。英軍的「SAS（空降特勤隊）」、美國陸軍的「特種作戰群」、日本陸上自衛隊的「特種作戰部隊」等特殊部隊，是隸屬於陸軍的單位，不過也有像美國海軍的「SEALs（海豹部隊）」一樣，是隸屬於海軍。

如果是由直升機為主導的空中機動作戰，步兵也能夠參與，而傘兵部隊也能做降落傘空降。但這些任務以外，諸如爆破、潛水、從翻山越嶺到使用橡

日本海上自衛隊的特種部隊暨特殊警備隊的訓練畫面。

圖片／柿谷哲也

特種部隊！

皮艇作水路潛入，能夠達成所有任務的只有具備「高度技術」的特種部隊。冷戰時代，垂降、快速繩降或是CQB（近身距離作戰）等戰鬥技術，只有特種部隊能夠實施。

　　不僅如此，各國特種部隊具備雙語是常識，當中也有精通多國語言的隊員。不具備強韌的體力及「超群知性」，是無法勝任特種部隊的。正因為如此，特種部隊較一般步兵部隊精銳且精強，可說是非常理所當然的事情。

圖片／柿谷哲也
日本特殊警備隊於2001年由全體日本自衛隊作為第一支特種部隊正式成立。

正在進行CQB（近身距離作戰）訓練的美國海軍海豹部隊（SEALs）。是海軍陸戰隊下轄的特種部隊，編成兩個特種作戰大隊，八個小組。

圖／Planl
奧地利憲兵隊的特種部隊眼鏡蛇作戰司令部（EKO Cobra）。現在「眼鏡蛇」也像其他的警察系特種部隊，以傾力人質救出作戰為範疇活動中。

波蘭陸軍機動反應群／GROM。於2003年位在伊拉克東南部的城市烏姆卡薩。

調查波斯灣戰爭時飛毛腿飛彈
殘骸的軍方人員。

operation 01

特種部隊作戰①

英軍SAS ［波斯灣戰爭／ Bravo Two Zero］

追蹤飛毛腿飛彈

　　所謂 Bravo Two Zero，嚴格來說並不算是作戰名稱，而是波斯灣戰爭時指揮英軍陸軍特種部隊 SAS 小隊的代號。以真實故事所出版的同名戰記，此為當時指揮代號為「Bravo Two Zero」小隊的「安迪‧麥納布（Andy McNab）士官（化名）」執筆的一本書。

　　在 1991 年的波斯灣戰爭中，他被交付一個破壞伊拉克軍的指揮通訊系統，以及追蹤飛毛腿彈道飛彈的任務。前者為連同無線電基地一起對通訊所進行破壞、切斷地下通訊設備的任務，因為是固定設施的破壞，所以還算簡單。但是後者在執行上就相當困難。不管怎麼說，飛毛腿彈道飛彈，是將整組飛彈搭載

在伊拉克攜帶Ｃ８卡賓槍的SAS士兵。

在波斯灣戰爭中的英製挑戰者一式戰車。

於大型卡車上的自走式發射器。若在道路上行走，會被偵察機或偵察衛星看得一清二楚。然而，伊拉克軍巧妙地加以偽裝，將它隱藏在岩石山上的洞穴或建築物當中。只有在發射飛彈時才現身，完全是束手無策。早期警戒衛星探測到飛彈發射的噴射火焰，在派出攻擊機時早已逃遁無蹤。

交戰，然後從敵地生還

　　找出神出鬼沒的飛毛腿，追蹤並通知位置，就是 Bravo Two Zero 的任務。為了完成這項任務，由麥納布士官以下八人組成的 Bravo Two Zero，決定先在巴格達通往伊拉克西北之間補給幹線的道路附近設置監視哨。但是，當他們抵達伊拉克領土境內，隨即便與伊拉克軍交戰，這項任務極其困難。企圖逃離戰場的八名組員中有三名戰死，麥納布士官以下有四人被俘，只有克里斯萊恩（Chris Ryan）下士成功逃脫，獨自徒步行軍（還是在敵軍的威脅之下！）到290公里外的敘利亞邊境。因為這項功績，萊恩下士被授予戰功勳章。

紅翼行動的一部分成員。

operation 02

美軍 SEALs ［阿富汗戰役／紅翼行動］

因無法預料的事態及耗損陷入窘境

　　提到美國海軍的「SEALs」與英國的「SBS（海軍陸戰隊的特殊舟艇隊）」，並列為世界屈指可數的海軍系特種部隊雙璧而被廣為人知。SEALs到目前為止執行過為數不少的作戰。雖說是精強且精銳的特種部隊，但不是每次都能夠完美達成任務。

　　2005年，SEALs執行一項名為「紅翼行動（Operation Red Wings）」的軍事行動。這項作戰是以殺害阿富汗的塔利班（Taliban）組織幹部為目的。當時由墨菲（Michael Murphy）上尉所領導的一支四人偵察小組，從MH-47特戰直升機以繩索降下。但是，展開偵察沒多久，隨即遭遇了三位阿富汗當地的牧羊人，雖然一度被拘留，但依部隊的作戰規定釋放了他們。一個小時後，便受到

戰死的墨菲上尉。

被擊落的CH-47直升機。

塔利班幹部所率領的武裝集團的強烈攻擊。除了馬庫斯・勒特雷爾（Marcus Luttrell）二等兵外，其餘全都陣亡。

增援的SEALs也慘遭犧牲

指揮官墨菲上尉，在戰死前透過衛星電話向基地報告狀況，成功請求留在基地的部隊支援。然而，前去支援的一架CH-47直升機，居然受到塔利班武裝人員的埋伏攻擊。

在用繩索降下前，CH-47遭到塔利班武裝人員以RPG-7火箭推進榴彈的集中射擊，化為火球擊落在地面。隸屬於第160特種作戰航空團的CH-47的駕駛及8名第160特種作戰航空團成員和8名海豹隊員，連同機體一起炸毀陣亡。

又，唯一生還者勒特雷爾二等兵，身受重傷連自己走路都有困難，後來被阿富汗當地的平民救助。最後，勒特雷爾二等兵六天後被美軍救出，SEALs總共有11名隊員陣亡。紅翼行動成為SEALs重新編組以來最糟的結果。有時得像這樣流血，才能從實戰中獲取教訓。

賓拉登藏匿地點的宅邸
（攝於2011年CIA）

圖／Hamid Mir

歐薩瑪・賓拉登

operation 03

特種部隊作戰③

［追捕賓拉登］

美軍DEVGRU／CIA

獵殺賓拉登！

　　所謂的DEVGRU，為Development Group的縮寫，正式名稱為海軍特戰開發團。從名稱來看，非常不像特種部隊。但是，DEVGRU是從美國海軍「SEALs」獨立出來的優秀特種部隊。最初部隊名稱是海豹第六分隊，後來才擁有現在的名稱。

　　DEVGRU主要的任務是各種特殊作戰裝備・技術・戰術・部隊運用的研究與實用試驗，以及對這些項目進行評價。另一方面，除了事務性的工作外，也被交付戰鬥任務。DEVGRU在1980年代，投入過許多作戰任務。近來，以參與2011年執行的「海神之矛行動（Operation Neptune Spear）」最叫人記憶猶新。這項作戰，就是要獵殺2001年在美國幾乎是同時發生的多起恐怖攻擊事

DEVGRU獨立於SEALs的訓練畫面。

在白宮危機管理室觀看作戰的政權中樞。

件的首腦「歐薩瑪·賓拉登」

表現活躍的 CIA 特工人員

　　「海神之矛行動」的契機始於2001年的阿富汗戰爭。在美國幾乎是同時發生多起恐怖事件後，美國要求塔利班政權交出賓拉登。為了讓拒絕這項要求的塔利班政權倒臺，美國於是展開「持久自由」行動，阿富汗戰爭爆發。

　　美國一面持續與恐怖份子作戰，一面追蹤賓拉登的下落，在那個情形下展現能力的，是美國中央情報局（CIA）的特工人員。CIA特工人員以調查及分析這類不起眼的工作為主，有不少是女性分析員。2012年上映的電影凌晨密令（Zero Dark Thirty），內容是在描寫獵殺賓拉登的特種部隊及CIA特工人員的活躍情形，真實存在的分析師也在自爆型恐怖行動中死亡。像這樣，在歷經十年才完成的大搜捕劇中，雖然看到UH-60直升機（傳聞是黑鷹直升機的改造機）墜毀的意外事件，最後是以DEVGRU殺死賓拉登為整個劇情劃上句點。全是因為暗地裡有著CIA特工人員這樣一個無法忽視的存在。

被武裝勢力槍擊的美國海軍陸戰隊隊員（第二次法魯加之役）

Outsourcing of Military

何謂PMC？

軍隊任務也被外包的時代

　　民間企業將一部分工作委外的「外包（outsourcing）」成了一種常識。這在軍隊也是一樣，不問平時與戰時，讓民間企業代為執行容易的任務。一手包辦這種軍事事業的是PMC（Private Military Company＝民間軍事公司）。

　　說到PMC辦理什麼樣的工作，除了擔任VIP的保鏢，為政府機關及核能發電廠、機場及港口、軍需工廠等重要施設提供安全警戒為主要任務。此外，提供對國內外的軍隊及警察等實施教育訓練，在發展中國家的軍隊中擔任軍事顧問的案例也很多。PMC的誕生是在冷戰之後，黑水訓練中心（Blackwater Worldwide）帶領業界急速成長。PMC從CEO（最高執行長）也就是老闆以至普通員工，幾乎都是軍隊或警察出身的退休人員。不過，雖說是前軍人，大多

身處阿富汗的GK Sierra公司的僱傭兵。在接近平民的服裝上裝備防彈背心及戰術背心。

裝備G36K的英國民間軍事公司的特工人員（右）

不是進過特種部隊，最少也是步兵部隊退役下來的除役官兵最為普遍。

日本人PMC僱員齋藤昭彥

　PMC的員工嚴格來說不算傭兵，應該可說是近似於傭兵的存在。因此，既不適用日內瓦公約及海牙公約，由於也不是軍人，所以在軍法會議的處罰對象外。另外，PMC有時會跟軍隊一起參與戰鬥，但就算成為俘虜殉職，也不會被視為正規軍人擁有完備的保障。

　受雇於英國哈特安全公司的契約人員齋藤昭彥，是少數的日本人PMC雇員。齋藤為日本陸上自衛隊第1空挺團出身，加入日本陸上自衛隊的經驗僅兩年時間，卻是加入法國外籍傭兵部隊逾20年的超級資深老手。但是，2005年在伊拉克執行美軍委託業務時，受到車隊武裝恐怖組織的埋伏攻擊，被綁架後死亡。附帶一提，日本不存在PMC，這是基於《槍刀法》或《警備業法》等法令禁止武裝。所以連手槍或衝鋒槍都不能裝備，成立危機管理顧問公司已經是極限。

不管是MINIMI還是鐵拳３型都要會操作？！

日本陸上自衛隊‧預備自衛官制度

在美軍等外國軍隊中，存在著預備役制度。這是現役軍人以外的預備兵力，平時在一般民間生活，戰時要以現役軍人的身分回到軍中作戰。從某種意義來說，可說是「兼職軍人」，而日本自衛隊也有類似的制度。那就是「預備自衛官」制度。

預備自衛官每年有義務接受為期五天的訓練，有事時必須對駐地的警備及補給等後方提供支援。再則，即使是沒有當過日本自衛隊的一般百姓，也能接受招募的「預備自衛官補」制度。這是以能夠運用醫生或語言能力的人力為取向，訓

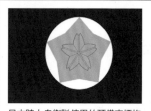

日本陸上自衛隊使用的預備官標旗。

練天數分成兩年內接受十天的「技能」訓練，以及三年內接受50天的「一般」訓練。

筆者「あかぎひろゆき」是普通科職種的即應預備自衛官。一年內有義務接受三十天的訓練，有事時和現役自衛官一樣必須到第一線作戰。所以雖說是預備，其實也算是「步兵」的吊車邊。不但要做CQB訓練，也要進行垂降訓練。當然，不只89式自動步槍或是5.56公厘輕機槍MINIMI，就連110公厘反戰車榴彈的鐵拳３型（Panzerfaust 3）都要會操作。

如果是即應預備自衛官，不管是MINIMI機關槍還是反戰車榴彈的鐵拳３型都要會操作。

CHAPTER 01

小火器

撰文：大久保義信

.338
Lapua Magnum
W/ 250gr Scena

.338
Norma Mag
W/ 300 SMK

步兵「永遠的朋友」小火器

突擊步槍的時代

　　德國於第二次世界大戰投入實戰的是，使用比傳統步槍子彈更小的小型化彈藥的自動步槍「StG 44 Sturmgewehr（突擊步槍）」。子彈變小射程距離及威力上自然較弱，然而無論是半自動或全自動都可射擊的小型衝鋒槍，是最適合在使用裝甲車的機動戰及城鎮戰的槍枝。

　　有名的蘇聯／俄製卡拉希尼科夫及美製M16都屬於突擊步槍，近年來還有名為「犢牛式（Bullpup）」形態的突擊步槍，種類一直在增加中。

　　再則，機關槍可藉由更換一些附屬品，成為無論是輕機槍還是重機槍，

甚至是車輛或直升機等的航空器皆可搭載的「通用機槍」。另外，名為「分隊支援火器」的新種類輕機槍也越來越多。

步兵的反戰車兵器

另外，在此稍微提一下破壞步兵的敵人──戰車及機關槍陣地的火器。

以前步兵在面對戰車或裝甲車時，只能拿著火焰瓶或爆藥包發動決一死戰的肉搏戰攻擊。藉由第二次世界大戰中普及的火箭炮（美國）或是反戰車榴彈發射器（德國）等的成型裝藥彈發射器，危險度雖高，卻能確實地屠殺戰車。

紛爭不斷的衝突地帶一定會登場的蘇聯／俄製RPG7，也是這類成型裝藥彈發射器。

突擊步槍

89式步槍

服役年	1989
優越點	5.56×45公厘步槍。結構緊湊的設計適合日本人的體型。各部分的設計都是針對前型64式步槍的缺點改進而來。

日本陸上自衛隊的國產步槍

1989年被日本自衛隊正式採用的主力步槍（基本上是以在日本自衛隊被制式化的西元年號的後兩位數字）。相較於前型的64式步槍採用NATO7.62×51公厘標準彈，89式採用新加入NATO標準的5.56×45公厘彈藥，各部分的設計變得更簡約。再則，所謂5.56×45公厘，是指子彈的直徑為5.56公厘，彈殼長度為45公厘。

89式步槍採用傳統氣動式（gas operating）工作原理。也就是將推動子彈的部份氣體，導入槍管上方的氣

圖／Crescent moon

89式步槍的兩腳架為特徵。

89式步槍拋殼的瞬間。

體缸管（gas cylinder）中，透過氣壓推動活塞進行槍機運作的機制。

兩腳架為其特徵

沿襲64式步槍的設計，兩腳架為標準配備是日本自衛隊步槍的特徵，這是依據在太平洋戰爭的島嶼防禦戰中，輕機槍能進行有效的戰訓所制定而成的規格。槍托分成一般部隊用的固定式槍托以及空挺部隊用的摺疊式槍托兩種型式。

發射模式以半自動（扣板機的單發射擊）、全自動（板機按著會像機關槍一樣可以連續發射）、三發點放（扣一次板機可連續射擊三發的機構）的切換模式，快慢機切換鈕位於下機匣右側這樣不好操作的位置，也是沿襲了64式步槍的特徵。不過2004年派遣部隊赴伊拉克時，快慢機切換鈕似乎改成機匣下方的接收器左側。附帶一提，發射模式為「保險」、「半自動」、「全自動」、「3點發」。

DATA	
口　　徑	5.56×45公厘
裝　　彈	30發STANAG彈匣
重　　量	3.5公斤
長　　度	91.6公分
發射模式	半自動／全自動／3發點放
全 自 動 發射速率	約650發／分鐘

突擊步槍

M4卡賓槍

▼ **M4 carbine**

服役年	1994
優越點	具有輕便短小的優越性，在城鎮戰或夜間戰鬥中，以緊湊的外型及夜視瞄準鏡的裝備性等受到很高的評價。

反恐戰爭時代的卡賓槍

　　1960年代，美軍採用的制式突擊步槍為M16。將發展型M16A2的槍身從53公分縮短為37公分，成為滑動伸縮式槍托的M16A2的短版，為M4卡賓槍。首先在1994年獲特種部隊作為制式步槍採用，改良成後照門可拆的M4A1也跟著登場，經過阿富汗戰爭及伊拉克戰爭，瞬間增加了不少裝備數量。除了輕巧容易操作，可輕鬆掛載榴彈發射器及光學瞄準器等附屬品，也是其中之一的理由。

使用M4A1的美國陸軍士兵。

使用M4A1的海豹突擊隊（美國海軍特種部隊）的隊員。

採用楊曼式

包含M4在內的M16系列，工作原理都是氣動式設計，並且採用在那之中名為楊曼式（Ljungman）的少見方式。這是採用將火藥的燃氣經由從槍管上方通過的導氣管導進槍機，向後吹送機槍的設計，捨去一般活塞傳動所需的汽缸、活塞、等零件，所以是最適合構造簡單化與輕量化的槍枝。但由於一部分的火藥會跑進槍機內，進而容易導致槍機不正常運作，積碳問題便成為M16系列的缺點。

不擅長遠距離

話雖如此，在M4卡賓槍對內部機構進行細部的改良，克服了這項弱點，提升作為戰鬥步槍的完成度。然而，由於槍身短小，初速低，遠射性能劣化。因此，在戰鬥距離介於500到800公尺之間的阿富汗及伊拉克山丘地帶和沙漠地帶，射程不足被視為是一項問題。另一方面，在戰鬥距離較短的城鎮戰及夜間戰鬥中，因緊湊的外型及夜視瞄準鏡獲得高度評價。

DATA	
口　　徑	5.56×45公厘
裝　　彈	30發STANAG彈匣
重　　量	2.54公斤（槍枝本體）
長　　度	84公分（槍托拉出時）
發射模式	半自動／全自動／3發點放
全 自 動 發射速率	約700發／分鐘

突擊步槍

卡拉希尼科夫突擊步槍

▶ **Kalashnikov assault rifle**

服役年	1949
優越點	據說總生產數高達1億支，構造簡單、堅固耐用、成本低的戰鬥步槍。沿襲納粹德意志所開發的StG44突擊步槍的系譜。

衝突地帶的常用槍

前蘇聯的米哈伊爾・季莫費耶維奇卡拉什尼科夫，參考第二次世界大戰中由德國開發並投入實戰的StG44突擊步槍的要素，所設計出來的AK47（卡拉希尼科夫1947年自動步槍）。1959年藉由改進槍托形狀，改善全自動射擊時的操控性，機匣生產方式由切削加工改為金屬沖壓的改進型AKM登場。之後，在世界各國進行仿製或特許生產，據說生產數量超過1億支。

結構簡單且堅固

機槍運作屬於非常傳統的氣動式自

圖片／Hamid Mir

接受訪問的歐薩瑪・賓拉登身後立掛著一把AKS-74U。

動原理，在槍管上方的瓦斯缸管導入部分的火藥燃氣，進而推動連結槍機座的活塞。卡拉希尼科夫自動步槍的特徵，在於構造簡單、堅固耐用、價格低廉。因而成為耐得住在戰場上被粗暴使用，貨真價實的戰鬥步槍，在這項最大優點面前，精度劣於其他槍枝等缺點，便完全不構成問題。在射

手持AKS-74U的伊拉克海軍步兵。

擊距離約150公尺以下（一般士兵在實戰壓力下能夠命中的距離），可充分確保命中人體的射擊精度水準。

小口徑化的AK74

為了因應西方國家持續改進主要步槍小口徑化的發展趨勢，口徑5.45×39公厘的AK74登場。形狀獨特的砲口制動器（muzzle brake）成為外觀上的特徵，又因小口徑彈的採用，據說反作用力「只有空氣槍的程度」，這一點可從烏克蘭以及中東的實戰畫面中確認。

DATA [AKM]	
口　　徑	7.62×39公厘
裝　　彈	30發STANAG彈匣
重　　量	3.3公斤
長　　度	89公分
發射模式	半自動／全自動
全　自　動 發射速率	約600發／分鐘

DATA [AK74]	
口　　徑	5.45×39公厘
裝　　彈	30發STANAG彈匣
重　　量	3.4公斤
長　　度	94公分
發射模式	半自動／全自動
全　自　動 發射速率	約650發／分鐘

突擊步槍

G36

服役年	1996
優越點	為了輕量化和提升生產性以及降低成本，而採用了新材料。另外，打從一開始光學照準器就是標準配備。

始祖德國的突擊步槍。
原本是和平維持軍取向

　　G36作為PKF（維和部隊）身份在國外活動的德軍部隊使用，在1990年代開發的氣動式運作的突擊步槍。德國在1959年將口徑7.62×51公厘的G3作為主要制式步槍後便一路使用下來，90年代已有許多國家將主要制式步槍替換成口徑5.56×45公厘的突擊步槍。為此，考慮到作為維和部隊參與多國籍的國際任務時的便利性，G36也改良

5.56×45公厘口徑。在這樣的事情始末下研發出來的G36，在1996年成為德軍的制式步槍。

使用新材料

　　G36的特徵為新材料的運用，除

連接兩個彈匣的G36K。

正在進行G36KV射擊訓練的拉脫維亞陸軍士兵。裝備著H&K AG36 40公厘榴彈發射器。

了槍托和強化握把，連機匣及部分內部機構都使用了名為碳纖維聚合物的新材質。這是為了輕量化和提升生產性以及降低成本。另外，彈匣也是採用新材質製，而且因為是半透明，所以可用肉眼確認剩餘的彈量。

　另外一項特徵為，光學瞄準鏡成為標準配備。雖然在突擊步槍上裝備各種光學瞄準鏡及夜視鏡，成為現在的世界標準，不過這些被視為是額外附加的裝備。打從一開始就將瞄準器作為每槍一件的標準配備的G36，尤其在90年代，曾經是具劃時代意義的存在。而且G36的情形，在機槍拉柄後方，上下裝備了以內紅點顯示瞄準點的等倍內紅點光學瞄準鏡及3

倍光學瞄準鏡，無論是近距離還是中距離都可應付自如。

　G36在結構上具可靠性，卻發生過被派至阿富汗時，因高溫使零件變形的問題。

DATA	
口　　徑	5.56×45公厘
裝　　彈	30發STANAG彈匣
重　　量	3.6公斤
長　　度	99.8公分（槍托展開時）
發射模式	半自動／全自動／3發點放
全　自　動 發射速率	約750發／分鐘

FA-MAS F1

服役年	1997
優越點	最大特徵為犢牛式設計。由於部分槍管被機匣覆蓋，在相同的槍管長度上縮短了槍械整體長度，實現了縮短型。

犢牛式突擊步槍

法國軍隊在1997年正式採用的突擊步槍，為5.56×45公厘口徑的FA-MAS F1。槍機採用槓桿延遲反衝式原理。

素有「小喇叭」的暱稱

FA-MAS F1的最大特徵，就是採用犢牛式設計。一般步槍在構造上，從前方看來分別是「槍管」、「彈匣」、「機匣・板機組」，犢牛式設計則是以「槍管」、「機匣・板機組」、「彈匣」，槍管被機匣覆蓋，所以可以在相同的槍管長度上縮短槍械整體長度。

圖片／Rama

專為步兵用整合裝備／次世代模組化使用所研發的「FA-MAS F1 Felin」。整合型光學瞄準系統被賦予將成像從板機前方的「控制把手」，從下方透過有線投射在專用頭盔顯示器上的功能，所以也可以躲在遮蔽物後進行射擊。

身上掛著裝備刺刀的**FA-MAS**的法國兵。

對於藉由裝甲運兵車及直升機進行機動部署的現代步兵來說，既可維持槍管長度又可縮短槍型的犢牛式設計，是最重要的優點。只不過，也存在著瞄準線縮短使得瞄準精度下降、排出空彈殼的退殼口與貼腮位置重疊容易吸入硝煙、左撇子的人無法使用等缺點。在FA-MAS F1，採用兩腳架的手段來解決瞄準線長度的問題，左撇子射手的排殼口問題，則設計成可更換機槍零件做左右對換的構造作為解決。

另外，犢牛式存在著槍械的槍身較短，使得瞄準線位置偏高的問題，關於這一點，只要將瞄準器兼作提把使用就能獲得解決。因為那樣的提把而構成的獨特外表，使得FA-MAS F1素有「小喇叭」的暱稱

將榴彈發射器作為標準配備

FA-MAS F1具備可在槍管前端的槍口外加掛槍榴彈發射器的功能。另外，衍生型還有法國海軍型的FA-MAS G1。

DATA	
口　　徑	5.56×45公厘
裝　　彈	25發／30 STANAG 彈匣
重　　量	3.35公斤
長　　度	76公分
發射模式	半自動／全自動／（選擇扭選擇3發點放或全自動）
全 自 動發射速率	約900發／分鐘

突擊步槍

L85A1

L85A1

服役年	1985
優越點	氣壓式運作的犢牛式突擊步槍。將最新光學瞄準器作為標準配備，解決了短槍身瞄準線長度的問題。

有毛病的突擊步槍

英軍作為制式步槍，在1985年正式採用的氣動式犢牛式突擊步槍。犢牛式的優缺點，就像在FA-MAS F1那一頁描述的一樣，不過L85A1在槍機室上方，裝配4倍率的SUSAT光學瞄準器作為標準配備，解決了成為缺點的短槍身瞄準線長度的問題。另一方面，退殼口的問題採取把左撇子射擊手矯正為右撇子的手段，來因應不同的使用習慣。

槍身短小且厚重

L85A1的問題在於它的重量。由於是犢牛式機械構造，槍械整體長度變短，4.7公斤的重量卻是7.62×51公厘口徑自動步槍的重量。比起輕量化，短槍身更能有效達到槍枝的「靈活機動性」，話說回來，L85A1卻給人過重的印象。雖然英國軍方對此提出重量能夠抑制反

4倍率的SUSAT光學瞄準器的視野。

手持裝配刺刀的L85的英國皇家衛兵。

作用力，所以射擊精準度提高的主張…。

另一個問題是可靠性低。由於這是英軍的第一把犢牛式自動步槍，所以在機械構造上似乎還不夠成熟。故障及零件損傷的問題在波斯灣戰爭成為問題，所以在那之後研製了改進型的L85A2。

意外的血緣關係

L85A1是以AR-18突擊步槍（設計師和M16一樣，同是尤金史通納（Eugene Stoner））為基礎所研發出來的槍枝。日本的89式步槍也是以AR-18作為基礎。結構分別為犢牛式和傳統型，兩者外表看起來完全不同，實際上卻存在著「異母兄弟」的關係。這些從槍機周圍及彈匣插入部分就可以看得出來。

DATA	
口　徑 ▶	5.56×45公厘
裝　彈 ▶	30發STANAG彈匣
重　量 ▶	4.7公斤
長　度 ▶	78.5公分
發射模式 ▶	半自動／全自動
全　自　動 發射速率 ▶	約720發／分鐘

突擊步槍

FN-SCAR-H

FN SCAR H

服役年	2009
優越點	源自於特種部隊要求射程長的自動步槍而誕生。為了能夠裝配各種瞄準鏡及夜視裝置下了許多功夫。

特種部隊用的自動步槍

比利時的FN（Fabrique Nationale）公司為了滿足美國特種作戰司令部所研發的步槍，「SCAR」為特種部隊戰鬥突擊步槍（英文：SOF Combat Assault Rifle）的縮寫。採用普通的氣動式自動原理，使用彈藥及組件化為特徵。

彈藥不是採用1970年代以後，成為西方各國突擊步槍標準的5.56×45公厘口徑彈藥，而是採用目前機關槍和狙擊槍大多用的7.62×51公厘口徑彈藥。這是基於在阿富汗和伊拉克的戰訓，多數特種部隊隊員要求射程長的自動步槍。

使用FN-SCAR進行CQB的美國陸軍第10特種部隊小姐。

攜帶FN-SCAR的美國第75遊騎兵團的隊員。

另外一項特徵，就是為了輕量化，槍身大膽採用了鋁合金及新材質。一開始就讓機匣和握把具有皮卡汀尼導軌（Picatinny rail）功能，因此能夠輕易地裝備各種瞄準鏡及夜視裝置。

有兄弟

也可以說是FN-SCAR-H兄弟，就是5.56×45公厘口徑的FN-SCAR-L。基本構造完全一樣，由於一開始就採用組件化的設計，所以要生產像這樣口徑不同的兄弟機也很容易。同時，兩機視任務需要，都可將槍身從標準（40公分（H的情形和以下相同））到長槍身（50公分）以至短槍身（33公分），簡單作替換。

DATA [FN-SCAR-H]	
口　　徑	7.62×51公厘
裝　　彈	20發STANAG彈匣
重　　量	3.6公斤
長　　度	96公分
發射模式	半自動／全自動

DATA [FN-SCAR-L]	
口　　徑	5.56×45公厘
裝　　彈	30發STANAG彈匣
重　　量	3.3公斤
長　　度	89公分
發射模式	半自動／全自動

突擊步槍

FN 2000

▼ FN 2000

服役年	2006（斯洛維尼亞軍採用）
優越點	犢牛式突擊步槍。擁有先進的設計概念以及獨特的外表，越來越多國家軍隊裝備。

未來的突擊步槍。
模組化犢牛式為特徵

比利時的FN（Fabrique Nationale）公司所研發製造的犢牛式突擊步槍。

犢牛式步槍瞄準線長度過短的缺點與退殼口的問題，分別藉由將1.6倍的光學瞄準器作為標準配備，以及由

裝備FN 2000的斯洛維尼亞軍士兵。

使用FN2000的秘魯海軍陸戰隊的隊員。

一段經機匣前方右側向槍管方向排出彈殼的獨特前方排除系統獲得解決。並藉由在前方近槍口處設置拋殼口，解決了射擊手硝煙吸入的問題。

另一個特徵，就是一開始就意識到模組化的重要性，將模組分配一併考慮而進行設計。為此，準備了可將40公厘榴彈發射器及各種附加瞄準器、夜視裝置裝上步槍的模組，即使將這些配備全部組裝上去，也很少會發生重心不穩、操作性變差的情形。

採用傳統的氣動式工作原理。FN2000各部分大量使用新材質，加上為犢牛式設計，所以乍看之下很像玩具，然而槍機結構的可靠性和射擊準度卻相當卓越。

逐漸增加的配備國

FN2000擁有像這樣的先進設計概念及獨特外表，相信只要試過就能體會它的優點。比利時軍隊、斯洛維尼亞軍隊以及沙烏地阿拉伯軍隊等都有引進。

DATA

口　　徑	5.56×45公厘
裝　　彈	30發STANAG彈匣
重　　量	3.6公斤
長　　度	69公分
發射模式	半自動／全自動
全 自 動 發射速率	約850發／分鐘

突擊步槍

95式

QBZ-95

服役年	1995
優越點	5.8×42公厘的獨創口徑。犢牛式獨自研發的突擊步槍，讓許多軍事單位為之驚訝。

獨特的中國製突擊步槍。獨創的口徑

　　由中國所研製的犢牛式突擊步槍。特徵為自行研發出5.8×42公厘口徑子彈，並且實用化。

　　在此複習一下關於突擊步槍的歷史，直到第二次世界大戰期間為止，一般制式步槍大都使用7.62公厘等級，彈殼長為60公厘前後的步槍子彈。對重視近距離戰和火力（彈數）的現代步兵作戰來說，威力和尺寸都太大。因此，德國讓使用7.92×33公厘短子彈的StG44突擊

槍身比普通型長，裝備75發彈鼓的QBB-95 LSW。

衛兵手持裝配刺刀的95式（2009年）。

式在1999年香港歸還時，第一次「公開露面」。看到進駐香港的中國軍拿著自行研製的犢牛式突擊步槍，令當時許多軍事單位驚訝不已，當他們得知彈藥也是自行研發的全新彈藥，就更加驚訝了。

新材質的機匣

這個95式在機匣及彈匣上也用了很多新材質。自動方式為導氣式。犢牛式最大缺點的瞄準具問題，像FA-MAS F1一樣，將提把兼作瞄準具就能解決。

步槍實用化，開啟了突擊步槍的新世界。戰後蘇聯用AK47追隨StG44的腳步。西方各國在美國突擊步槍方面，維持著不理解與停滯不前的狀態，那樣的美國根據越戰的經驗，將子彈換成5.56×45公厘後，西方國家一致決定朝小口徑化發展。看到這個現象的蘇聯，在AK74也採用5.56×45公厘子彈，實現小口徑化。

長久使用從蘇聯引進的7.62×39公厘子彈的中國，想必一定瞪大眼睛觀察著這樣的情勢。因而研製出5.8×42公厘這種介於5.56×45公厘和5.45×39公厘之間的彈藥。95

另外，口徑一樣是5.8×42公厘的突擊步槍還有03式，這個不是犢牛式，而是傳統型的自動步槍。

DATA	
口　　徑	5.8×42公厘
裝　　彈	30發STANAG彈匣
重　　量	2.3公斤
長　　度	74公分
發射模式	半自動／全自動
全 自 動 發射速率	不明

突擊步槍

SIG 550

▼ SIG SG 550

服役年	1986
優越點	徹底追求精度和堅固耐用。是實施全民皆兵制的國家瑞士，兼具平衡性好、操作性、精度、可靠性的突擊步槍。

瑞士生產的
高性能突擊步槍

　武裝中立國（全民（男性）皆兵）的瑞士，面對敵國陸軍的侵略攻擊，會運用巧妙部署的偽裝陣地，執行狙擊戰術。因此，瑞士的主要制式步槍，傾向裝備追求精度和堅固耐用的槍枝。

　SIG 550 也不例外，雖然塊頭略大，卻兼具重心穩、操作性、精度、可靠度的優秀突擊步槍（瑞士軍制式名稱為StG 90）。半透明式槍托採用新材質製成，抵肩射擊的確實性和反作用力的吸收性獲得好評。由於是摺疊式槍托，所以全長可從100公

圖片／Rama

結束射擊演習的返回途中，攜帶著SIG 550直接購物的預備役兵。瑞士既是永久中立國，同時也是採行全民皆兵制的國家。

手持SIG 550的瑞士士兵。

分縮短為 77 公分。提升射擊穩定性的兩腳架及附加打擊火力的榴彈發射器功能成為槍身標準配備，也是瑞士式步槍的特徵之一。自動方式採用一般的氣動式。

SS 109彈的採用

開始研發SIG 550的新型步槍時，最初預定選用美國在越戰期間投入口徑 5.56×45 公厘的 M 193 子彈。5.56×45 公厘子彈成為西方的標準彈藥後，FN公司研發新的方案，名為SS 109 的 5.56×45 公厘子彈，由於該子彈成為NATO的制式彈藥，於是SIG 550 也採用 SS 109 作為使用彈藥。

SS 109 使用鋼芯等硬質金屬，因而擁有更高的射程和貫穿力，重量比M193略重一些。

因此，為了將SS 109 的性能發揮到極限，需要進行不同於使用M193彈藥槍管的膛線加工（美國也使用SS 109（M855）的 M 16 A 2，全面換裝成新型槍管）。

DATA	
口　　徑	5.56×45公厘
裝　　彈	30發STANAG彈匣
重　　量	4公斤
長　　度	100公分
發射模式	半自動／全自動
全　自　動發射速率	約700發／分鐘

狙擊槍

巴雷特M82A1

Barrett M82A1

服役年	1986
優越點	大口徑自動狙擊槍。以1000公尺以上的重要目標、敵方的簡易陣地、車輛等為目標。

反戰車步槍般的大口徑狙擊槍。口徑為12.7公厘

基於福克蘭群島衝突的戰訓（參考P180）所研發出來的12.7×99公厘的大口徑自動狙擊槍。自動方式為利用反作用力的短後座作用式（short recoil）。

也能使用凝固汽油彈及穿甲彈的12.7公厘大口徑狙擊槍。

圖片／PRT Meymaneh

在阿富汗長距離火力作戰上所使用的巴雷特M82A1。

目標是「物」

　　巴雷特Ｍ82Ａ1狙擊的是1000公尺以上的重要目標、敵方簡易陣地、車輛等，所以有「反器材步槍（Anti-materielrifle）」之稱。運用12.7公厘的大口徑，使用凝固汽油彈及穿甲彈進行狙擊，攻擊也變得更有效。在伊拉克戰爭中，對遠在1400公尺處水塔上的伊拉克士兵發動狙擊，造成對方上半身和下半身被撕裂成為了兩半。

　　12.7×99公厘是在第一次世界大戰期間著手研發，在第二次世界大戰作為大口徑重機槍被美國陸海軍以及航空機搭載被大量使用，現在仍然在世界各國被廣泛運用的白朗寧Ｍ2的彈藥。

　　因為是那樣大口徑的彈藥，所以後座力也很強，重量12.9公斤有如機關槍一般，比起有效的砲口制動器（muzzle brake），更能做到立射的速射。不過，一般都是使用兩腳架進行長距離狙擊。在那種情況下，尤其在乾涸的沙漠地帶，從砲口制動器向兩側排出的瓦斯氣體會捲起沙塵，雖然這項缺點在伊拉克戰爭等受到指摘，但砲口制動器的使用是無可避免的。

　　另外，預備軍及警察的特種部隊，也曾經在反恐作戰中，用來對付劫機事件。因此，平時在思考發生劫機事件時，對停放在機場正中央的被劫持飛機，隔著機體外板，狙擊被包圍的劫機犯。

DATA	
口　　徑	12.7×99公厘
裝　　彈	10發STANAG彈匣
重　　量	12.9公斤
長　　度	145公分
發射模式	半自動

狙擊槍

德拉古諾夫SVD狙擊步槍

▼ **Dragunov SVD**

服役年	1963
優越點	氣動式半自動槍械為特徵的狙擊槍。比起高精度，以速射性為優先的設計概念所研發。

蘇聯軍生產的野生孩子
半自動狙擊槍

　　1963年成為蘇聯的軍用制式狙擊槍。特徵為氣動式運作的半自動步槍。

　　如果作為精密射擊用途，內部機構在發射的瞬間維持不動的槍桿式確實比較有利。因此，在歐美各國，無論是警用狙擊槍還是軍用狙擊槍，雖然裝備槓桿式槍機，但比起「有如穿過針孔般的」高精度，蘇聯軍更追求速射性。如果要在野戰中廣泛使用，能夠速射第二發、第三發的自動式更加有利。在電影等娛樂媒體中，常見狙擊兵用第一顆子彈擊中對方眉頭正中心的活躍表現，現實上則是從第一子彈讀取誤

美國海軍陸戰隊隊員使用SVD狙擊槍。在訓練中使用。

使用SVD狙擊槍的哈薩克斯坦軍士兵。

差，送出射彈修正的射擊法居多，在擊斃跳躍式前進的敵兵，半自動步槍具有壓倒性優勢。畢竟在軍事作戰中，即使打不中或是讓對方受傷，只要讓敵兵害怕被擊中而不敢輕舉妄動，就是十分有效的攻擊。

看到近年來歐美各國軍隊，也紛紛引進半自動狙擊槍的趨勢，可說蘇聯軍隊具有了先見之明。

平衡性好後座力過強

筆者曾在體驗射擊中發射過SVD狙擊槍。感覺槍體的重心好像稍微向前偏移，不過整體的重心平衡很不錯。另外，4倍PSO-1光學瞄準鏡視野清楚，被認為似乎有十足的能力作為野戰狙擊槍。

問題在於強烈的後座力。整體槍枝設計良好，槍身幾乎不會彈跳，卻被猶如要把肩膀踢飛般的直接反衝作用嚇得不敢作聲（※個人的印象及感想）。

DATA	
口　　徑	7.62×54公厘R
裝　　彈	10發STANAG彈匣
重　　量	4.3公斤
長　　度	122公分
發射模式	半自動

雷明登MSR狙擊步槍

Remington MSR

服役年	2010
優越點	針對美國陸軍遠距離狙擊槍裝備計劃所研製的高性能狙擊槍。「MSR」為 Modular Sniper Rifle 的簡稱。

狙擊用口徑338拉普麥格農。射程達1500公尺的狙擊槍

針對美國陸軍的遠距離狙擊槍裝備計劃，雷明登武器公司研發出採用旋轉後拉式槍機（bolt action）的高性能狙擊槍

彈藥口徑採用接下美國海軍陸戰隊的企劃，由芬蘭鼎鼎大名的彈藥製造商拉普阿（Lapua）公司與英國「AI」

備受關注的雷明登MSR的剪影 ※轉載自youtube

雷明登MSR的素描圖。

© Lory Tek

公司共同研發的338拉普麥格農。

所謂「338」，是「0.338英寸」的意思，以公厘表示即為8.58公厘。在阿富汗山岳地帶的戰鬥，武裝勢力從800到1000公尺的距離發射PKM機關槍或迫擊砲的實例很多。在那樣的距離下，5.56×45公厘口徑的M4卡賓槍完全處在有效射程外，即使是7.62×51公厘口徑的狙擊槍也很難進行狙擊。當然，武裝勢力的子彈也不容易打過來，但是為了避免槍擊戰拉長，想要讓狂熱作戰的敵方無力化，需要具備1000公尺以上有效射程的新型彈藥（12.7×99公厘口徑的巴雷特M82系列作為常備武器，對步兵小隊而言實在太大）。

在這種情形底下誕生出來的338拉普麥格農，有效射程據說有1500公尺。

英兵締造新紀錄

2009年11月在阿富汗作戰期間，英軍狙擊兵使用發射338拉普麥格農口徑的L115A3狙擊槍，在2500公尺的超長距離下擊倒兩名武裝勢力，創下長距離狙擊的新紀錄。附帶一提，據說彈道落差為1.8公尺（也就是必須瞄準1.8公尺高度以上的目標物），從發射到彈著的時間是2.64秒。

美國陸軍也將目光放在338拉普麥格農，用來作為次期遠距離狙擊槍的口徑，巴雷特也完成了相同口徑的M98B狙擊步槍。

.338
Lapua Magnum
W/ 250gr Scenar

338拉普麥格農

DATA	
口　　徑	338拉普麥格農
裝　　彈	5發STANAG彈匣
重　　量	5.5公斤
長　　度	130公分

機關槍

FN-MAG

FN MAG

服役年	1958
優越點	名字的由來，在法語中意為「通用機槍」。就像它的名字一樣，作為傑作通用機槍被世界超過80多國家所採用。

成為世界標準的傑作通用機槍

FN（Fabrique Nationale）公司藉由在機槍本體加裝槍架及各種附屬品，作為陣地防禦用途的重機槍、步兵攜行用途的輕機槍，或者成為車載機槍、機載機槍的通用機關槍，而研發出來的傑作通用機關槍。原型的FN MAG首次出現在1958年。

進入1970年代，被NATO加盟國各軍隊採用作為制式武器，跟德國

美國海軍陸戰隊的士兵在沖繩的漢森營地使用裝在三腳架上的**FN-MAG**進行射擊訓練。

美國海軍建設大隊的士兵在伊拉克以 **FN-MAG** 做連續射擊（**M240B**）。

的 MG3 一起成為西方各國的代表機槍。FN-MAG 自動方式為氣動式。

美軍也採用

在乎「美國製造」的美國軍隊，同時期將 M60 通用機槍作為制式機槍投入越戰等戰爭中，但槍管更換不易、供彈機構設計不良等問題惡評不斷，這些缺憾在波斯灣戰爭達到巔峰。因此，1999 年為了更新 M60，重新採用 FN-MAG 並作為制式機槍，美軍制式名稱為 M240B。

然而，最初採用的是戰車部隊。1970 年代後半，正當在挑選新型 M1戰車的主砲同軸機關槍之際，相較於之前的 M60 同軸機槍型，進行試驗的 FN-MAG，展示出無法比擬的高度可靠性，作為 M240 被採用。因而在波斯灣戰爭後，廣泛地被步兵部隊所採用。

藉由這段插曲，FN-MAG 的身價漲得更高了。M240B 在伊拉克戰爭中被廣泛使用，即使在沙塵中被粗暴操作，仍然因為運作時的堅固性、極佳的使用性等獲得好評。

另外，近年來增設了用來掛載各種瞄準鏡或夜視裝置的皮卡汀尼導軌（Picatinny rail），而新型配備也在進行中。

DATA	
口　　徑	7.62×51 公厘
裝　　彈	金屬彈鏈供彈
重　　量	約 11 公斤
長　　度	126 公分
發射模式	全自動
發射速率	約 650～1000 發／分鐘

機關槍

MINIMI

▼ FN Minimi

	服役年　1984
	優越點　可靠性高、結構緊緻的班用支援火器。包括日本陸上自衛隊在內，被世界多國軍隊採用。

作為班用支援火器的小口徑輕機槍

於1980年代由FN（Fabrique Nationale）公司所研發，作為班用支援用途的輕機槍，口徑為5.56×45公厘，可與普通步槍共用彈藥。正因為如此，一般採用200發金屬彈鏈的

美國海軍陸戰隊員在波斯灣戰爭中，使用MINIMI初期型的M249（1991年2月）。

圖片／日本陸上自衛隊

士兵在日本陸上自衛隊第13旅團普通科戰鬥射擊競賽上使用MINIMI。為「可以手持射擊的機關槍」。

尤其受到好評。

近年來，也在槍管部分加裝了皮卡汀尼導軌，配備能夠安裝夜視裝置等各種附加裝備的型號。另外，還有摺疊式槍托的傘兵型。

供彈方式，緊急時，也可使用M16用的彈匣。這裡說的「班用支援」，是指支援擁有全自動射擊火力，裝備突擊步槍的分隊員。

槍管更換機構簡單且可靠性高，所以全自動射擊導致槍管過熱時，當然可以快速地應對。

附帶一提，連日本陸上自衛隊也裝備比利時授權生產的MINIMI。然而，去年2013年底，發生無法按照原訂強度的國內製造廠持續交出不良品如此不爭氣的事態（M2型12.7公厘重機槍也有同樣的情形）。

可以手持射擊的機關槍

可靠性高、結構緊緻，重量也僅是「重量級步槍」程度的MINIMI被世界各國軍隊所採用，因其極佳的使用性獲得好評。美軍也以M249的制式名稱正式採用，在伊拉克戰爭的城鎮戰中，能夠做到高機敏性的有效射擊。因此，在槍管下方裝上握把，就能像步槍一樣做手持射擊的槍型，

DATA	
口　　徑	5.56×45公厘
裝　　彈	金屬彈鏈供彈／STANAG彈匣
重　　量	約7.1公斤
長　　度	104公分
發射模式	全自動
發射速率	約700～1000發／分鐘

機關槍

M27 IAR

▶ **M27 Infantry Automatic Rifle**

服役年	2009
優越點	比起連射性，更優先於射擊精度的研發概念。無法一眼就看出是步槍手的「步槍型」班用支援火器。

和M4一模一樣的輕機槍？
美國海軍陸戰隊的班用支援火器

　　M27以在阿富汗及伊拉克的實戰經驗作為基礎，由美國海軍陸戰隊重新採用的班用火器。所謂IAR（Infantry Automatic Rifle），就是「步兵自動步槍」的意思。

　　外觀跟M4卡賓槍一模一樣，不過這也是理所當然，因為M27是以作為M16系的後繼進行研發的HK416為基礎。H&K公司判斷如果是與長年為眾多士兵所熟知的M16系有著相似的外觀及構造，應該能夠被接受。然而，導氣系統從楊曼式（Ljungman）改成了傳統氣動式。雖然楊

一名海軍陸戰隊隊員以加裝ACOG（先進戰鬥光學瞄準鏡）的M27 IAR進行射擊訓練。

射擊訓練中的海軍陸戰隊。M27 IAR的外觀與16系列類似。

曼式因結構簡單、輕量、少了幾個活動零件能使精度提升，卻存在對髒污及彈藥的品質敏感的部分。另外也加強各部分零件的強度，HK416的堅固性、可靠性大幅度提升。

另外一點。一個班的主要火力機關槍，率先被敵軍狙擊兵狙擊的案例很多，跟M16系列相似度極高的外表，具有偽裝的效果。

狙擊班用支援火器

原本機關槍不是用來狙擊敵兵，大多用在對敵兵週邊進行掃射使其無法行動的戰術。因此，比起射擊精度，一直以來更重視連射性。

但是在城鎮戰或者狹隘山岳地帶的近身作戰中，相較於持續射擊能力，更要求具備對匆匆一瞥的敵方進行短程連射，確實壓制的精度。這種狀況下，以數次的五連發射擊就夠用，所以配備30發STANAG彈匣就很足夠。

不過，美國海軍陸戰隊並沒有將所有的班用支援火器更換為M27，而是採用視情況需求分別使用MINIMI

DATA	
口　　徑	5.56×45公厘
裝　　彈	30發STANAG彈匣／100發C-MAG彈鼓
重　　量	3.6公斤
長　　度	94公分
發射模式	半自動／全自動
發射速率	約700～1000發／分鐘

機關槍

MG3

▼ Rheinmetall MG 3

服役年	1968
優越點	以二戰德國的MG42為始祖的通用機關槍。以壓倒敵優勢的猛烈火力獲得評價，被世界各國軍隊所採用。

德國的傑作機關槍。
登場於第二次世界大戰

　　MG3的起源，可追溯至德國在第二次世界大戰研究並投入實戰的

MG42——或者該說，只是將MG3的口徑從7.92×57公厘換成NATO標準用彈的7.62×51公厘。光是這樣MG42的完成度就已經很高。MG3不只被德軍，包括義大利軍在

圖片／7th Army Joint Multinational Training Command

以MG3進行射擊的澳洲士兵。

MG3為空冷式彈鍊供彈。熟練的士兵不到十秒就能換好槍管。

圖片／Edmond HUET, DCB Shooting, Quickload

內的世界各國軍隊所使用。採用後座力槍管後退式（管退式）作用運作。

第二次世界大戰前的各國軍隊，在機關槍方面，分別裝備了水冷式的「重機槍」和空冷式的「輕機槍」。在那之中，德國裝備了整合重機槍與輕機槍，具劃時代意義的通用機關槍（GPMG= general purpose machine。也可稱為多用途機槍），它的改進型為MG42。

所謂通用機關槍，就是空冷式的輕機槍，透過可迅速更換槍管的構造，來應對槍管過熱的問題。機槍班要事先準備好幾支預備槍管，一邊更換一邊持續射擊（變熱的槍管放在旁邊讓它自然冷卻）。

MG3槍管蓋的右側是大大開啟的，從這裡把槍管拉到旁邊，就能簡單地更換槍管。

沖壓加工的機關槍

MG42＝MG3的特徵，在結構上大膽採用沖壓加工零件，具有發射速率平均每分鐘1200發的猛烈火力。因為槍管部的構造，令MG3發射時會不斷水平來回移動，MG3以這項猛烈火力來壓制敵兵。再則，透過衝孔和彈簧的更換，可以使發射速率達到平均每分鐘900發。

DATA	
口　　徑	7.62×51公厘
裝　　彈	金屬彈鏈供彈
重　　量	12公斤
長　　度	122公分
發射模式	全自動
發射速率	約1200發／分鐘

機關槍

PKM

▼ PK machine gun

服役年	1969
優越點	由於生產效率提升以及輕量化，部分零件的製造採用沖壓加工方式。被評價為可靠性高的機關槍。

卡拉希尼科夫所設計的蘇聯通用機關槍

　「PKM」是由卡拉希尼科夫所設計的蘇聯通用機關槍「PK」的改進型，1969年開始配備（PK則是在1961開始配備）。

　槍枝口徑採沙皇時代所制定的7.62×54公厘R，「R」代表彈殼是凸緣式（Rimmed）。

一名士兵拿著PKM正在發射。從圖中可以看到右側供彈的特寫。

拿著 **PKM** 機關槍射擊的敘利亞士兵。

畫面中，經常看到士兵拿著PKM像拿著重步槍一樣的姿態。

從右側供彈

PKM的另一個特徵是，相較於西方國家的彈鏈供彈式機槍從機槍左側供彈，PKM是從機匣右側供彈。金屬彈鏈並非採分離式，連結式金屬彈鏈或許也可以說是特徵之一。因此，射擊時PKM的左側會有金屬彈鏈垂掛著。

還有作為衍生型的車載型PKMB以及戰車等的同軸機槍專用的PKMT。

凸緣式彈藥不適合多彈數彈匣或是鏈式供彈，尤其是7.62×54公厘R彈殼殼體的錐角大，也不適用自動武器。而蘇聯雖然在德蘇戰爭中獲勝，在社會資本層面卻蒙受莫大損害，已經沒有餘力像西方各國一樣更換新型制式步槍子彈（7.62×51公厘NATO彈），只能繼續使用不適合自動武器的彈藥。

運作方式採用可以說是正統的氣動式工作原理，基於7.62×54公厘R的特性，PKM是供彈機構有別於其他機關槍，稍微複雜的設計。不過，只要確實地維護保養，被評價為耐污性高、可靠性高的機關槍。另外，做成半透明式彈匣以期達到輕量化也是一項特徵，從衝突地帶傳回的

DATA	
口　　徑	7.62×54公厘R
裝　　彈	金屬彈鏈供彈
重　　量	8.4公斤
長　　度	117公分
發射模式	半自動
發射速率	650發／分鐘

無後座力砲

奧古斯塔夫M3型無後座力砲

▼ Carl Gustav recoilless rifle M3

服役年	1991
優越點	可單兵攜行＆發射的無後座力砲之傑作。從2012年起也開始被日本陸上自衛隊採用及配發。

「無後座力」步兵發射砲

手槍、步槍、大砲，大致上被稱為「Gun」的工具，伴隨射擊時發生的現象就是後座力。只要發射槍砲彈，就會發生與作用力同質量的反作用力。將幾公斤重的砲彈投射到遠方的砲管和砲架，為了承受這樣的反衝力，勢必要堅固＝有足夠的重量。

無後座力砲（recoilless gun）就像字面的意思一樣，少了這股後座力的火砲，藉著向後噴出與前進砲彈同質量的火藥燃燒氣體，來抵銷反作用力。藉由這樣，甚至實現了可個人攜帶及發射的輕量化。另一方面，從砲體後方噴出的發射氣體，存在著在砲的後方會形成危險區、噴出氣體捲起粉塵而曝露所在位置、射程不及砲身砲等缺點。

瑞典的傑作

圖片／The U.S. Army

發射奧古斯塔夫的美國陸軍特種部隊。

圖片╱The U.S. Army

架著奧古斯塔夫M3型無後座力砲的美國士兵。

　　當中被評價為無後座力砲之傑作的，是由瑞典FFV公司所研發的84公厘無後座力砲。所謂「奧古斯塔夫」，是從事武器生產製造廠名稱。

　　由於可由單兵攜行＆發射，而有反戰車榴彈（成型穿甲炸藥）、反步兵榴彈、照明彈、煙幕彈等各式彈種。

圖片╱Spike78　彈種。

　　在這當中的反戰車榴彈附有火箭助推器，從砲口飛出去後再做加速。只不過，初期型有著16公斤相當重的重量，並不適合作為野戰步兵行軍時的個人攜行裝備。經過不斷的改良，在1991年幾乎減輕至原本一半的重量變成8.5公斤，實現輕量化的M3型登場，並沿用至今。

　　M3除了被美軍所採用，自2012年起，日本陸上自衛隊也開始採用及配發。

DATA	
口　徑 ▶	84公厘
重　量 ▶	8.5公斤
長　度 ▶	113公分

73

反戰車武器

RPG7

▶ **RPG-7**

服役年	1961
優越點	由於價格低廉、簡便且具效果，從越戰以後一直沿用至現代，包含游擊隊、民兵等在內，被廣泛使用。

源自德國低成本且強大火力的反戰車火器

　　第二次世界大戰中，德軍使用的無後座力砲式反戰車榴彈發射器（鐵拳），戰後蘇聯作為RPG2加以改良並裝備化，繼續發展為RPG7。RPG7很多時候被稱為「反戰車火箭彈」，其本質就像來源一樣，是無後座力砲。不過由於彈頭是射程的延伸，被發射出去後，火箭助推器會在大約10公尺的地方點燃，所以正確來說，可說成「火箭助推榴彈發射無後座力砲」。後方會噴出強烈的火焰，從砲尾到後方45度的角度，最大30公尺以內為危險範圍。

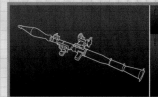

已經裝好彈頭的RPG7。

扛著RPG7的伊拉克治安部隊的隊員。

　　筆者有過親身射擊的經驗，真的感受不到後座力。但是對於在前方10公尺點火爆炸產生的爆風，對身體正面造成的壓迫驚訝不已。另外，外掛式榴彈發射器的重心通常偏向前方，不習慣的話很難瞄準。

衝突地帶的暢銷武器

　　成型裝藥彈頭為標準型的RPG7，具有貫穿300～350公厘裝甲的威力，裝甲車不用說，就連戰車只要瞄準側面，有可能予以擊破。再則，不只對裝甲車，陣地、建築物甚至被用在對付步兵部隊上。無論是哪一種情形，大多採用幾名人員一起（或者連續）射擊同一個目標，予以擊破或破壞的作戰方法。由於後方的火焰會捲起粉塵，所以容易被敵兵察覺位置遭到反擊。

　　RPG7構造簡單、操作也簡單，不需要特別的教育訓練就能運用自如，和卡拉希尼科夫槍一樣，成為衝突地帶一定會出場的暢銷武器。

DATA	
榴彈發射器口徑	40公厘
彈頭最大直徑	85公厘
重　　量	約7公斤
全　　長	99公分

反戰車武器

鐵拳3型

▼ Panzerfaust 3

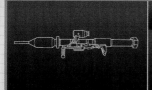

服役年	1992
優越點	採用無後座力砲發射外掛式榴彈,點燃火箭助推器再加速的方式。藉由外掛式掌控發射管的口徑,實現大口徑化。

始祖德國的反戰車武器。
反戰車榴彈使用成型裝藥彈

　　仿照第二次世界大戰期間的「鐵拳（Panzerfaust）」,並進行研發的不只蘇聯。西德也在1960年將改進型以「鐵拳44（Panzerfaust 44）」的名稱配備給部隊,果然也是採用無後座力砲發射外掛（從外部裝填）式榴彈,藉由火箭點燃再加速的方式。

　　至於為何選用這個方式,主要是因為成型裝藥彈的特性。所謂成型裝藥彈,就是在前方穿孔的圓錐狀炸藥（彈頭）。命中後由炸藥底部的信管引爆,將爆炸時的能量集中在圓錐中空部分的中心軸線上,在裝甲穿出

圖片／Sonaz

鐵拳3型後方的握把呈現折疊狀態。

2004年日本陸上自衛隊在訓練中所使用的鐵拳3型（110公厘單兵攜行式反戰車彈）。

洞來。要提升這種成型裝藥彈的威力（穿甲能力），增加彈頭直徑（口徑）是比較直截了當的做法，但是採用內部裝填的大口徑化，勢必加重發射器的重量，不容易攜帶。這也是如果是外裝式的話，就能一邊掌控發射器的口徑一邊實現彈頭大口徑化的原因。

日本陸上自衛隊也配備

鐵拳44的擴大發展型，為德國狄那米特公司所研發的鐵拳3。當然也是無後座力砲，跟蘇聯的RPG7一樣，發射後可利用火箭點燃再加速。另外，發射時藉由金屬碎片在後方分散開來，以減少後方爆炸效果，只要有某種程度的空間，也可以

從建築物內或掩蔽壕內發射。

日本陸上自衛隊也以「110公厘單兵攜行式反戰車彈」的名稱配備鐵拳3，或許是因為運用了始祖拋棄式榴彈發射器的概念，並非當成「火器」，而是當成「彈藥」看待。

DATA	
發射管口徑	60公厘
彈頭直徑	110公厘
全　　長	120公分
重　　量	13公斤

滑膛式無後座力砲

AT 4

▶ AT4

服役年	1982
優越點	可從狹小場所發射的拋棄式無後座力砲。包括美軍在內，在NATO加盟國軍隊廣泛採用。

名稱代表口徑？
拋棄式無後座力砲

由瑞典紳寶波佛斯（Saab Bofors Dynamics）公司研製生產的攜帶式無後座力砲，以火箭彈口徑（84

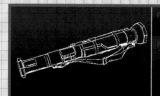

使用AT4的美軍士兵。
飛散的物體是被發射的爆風捲起的彈殼。

公厘）的英文發音，稱其為「AT 4（Eighty-four）」。

特徵是在裝填狀態下配備，也就是發射一次即拋棄發射器的拋棄式。美軍作為M72拋棄式單兵火箭彈的後繼採用，並稱之為M136。相較於M72只能裝備成型裝藥彈（口徑66公厘），AT4除了成型裝藥彈（穿甲能力420公厘），還準備了HEDP（雙用高爆彈：用於建築物及陣地攻

擊上）、HP（強化了貫穿力的成型裝藥彈）。

如前面所敘述的，因為是拋棄式，所以必須挑選表面印上彈種的發射器使用。

可從狹窄場所發射的CS型

如同到目前為止所敘述的一樣，無論是火箭發射器還是無後座力砲，「後焰」都會在發射器後方形成相當危險的區域。雖然已經為實地運用的一方計畫好，然而在阿富汗山岳地帶的狹隘地形或伊拉克的城鎮戰使用的美軍士兵，卻發出希望盡量減少後方砲燄的要求。

於是研發出來的是AT4CS型。像鐵拳3型是利用無後座力的平衡質量原理減少後方砲焰，AT4CS型則是在發射器後方放置鹽水袋。遠遠大於發射氣體的質量，能有效抵消反作用力，後方砲焰也因此減少許多。

使用鹽水的理由在於鹽水比水不容易結冰，且鹽水又比水重。

圖片／avric

攜帶AT4的士兵。

RPG7發射時的後焰（噴射狀）。
（請參考P.74RPG7的介紹）

DATA	
口　　徑	84公厘
全　　長	101公厘
重　　量	6.7公分
有效射程	300公尺

榴彈

40公厘榴彈

▼ 40 mm grenade

服役年	1961［M79］
優越點	為了填補手榴彈和迫擊砲之間的火力缺口所研發。具有以分隊單位進行火力投射的戰術意義。

投射手榴彈。
填補火力缺口的武器。

基於第二次世界大戰及朝鮮戰爭的戰訓，美軍為了填補步兵投擲手榴彈（最大30公尺）和60公厘迫擊砲（最小射程150公尺）之間的火力空隙，研發出40公厘榴彈。此舉獲得成功，計劃在原是折開式單發榴彈發射器的M79上，搭配M16突擊步槍的複合槍，作為M203登場。該系統是在M16系列及M4卡賓槍的槍管下方，安裝長度38公分重約1.4公斤的鋁合金製成的發射器，裝填彈藥的方式是手動將槍管向前滑動的單發填充。

藉由M203發射器投射40×46公厘榴彈。

彈頭部裝填了35公克的炸藥，爆炸後使纏繞在刻槽的100公尺長的鋼絲爆炸飛散。致命的範圍在直徑10公尺內。因此，為了防止射手本身受到波及，發射後，15到20公尺內將啟動保險機制不會爆炸。榴彈最大射程為400公尺，據說對點目標的有效射程為150公尺。

40公厘榴彈在西方各個國家被製造，由於彈頭輕，許多時候會因為某些狀況而發射不出去。

Mk19自動榴彈發射器

不管怎樣，能夠發射發揮破片效果的爆炸體，在戰術上極具魅力，於是研發出可連續發射40公厘榴彈的Mk19自動榴彈發射器。藉由使用新研發的HV（高初速）手榴彈，最大射程可達1600公尺。其威力之大，除了安裝在三腳架上作為重機槍使用，亦可安裝在裝甲戰鬥車輛上。

只不過，相對於基本型40公厘榴彈的40×46公厘口徑，Mk19用途的HV（高初速）榴彈口徑為40×53公厘，可以說是巨無霸尺寸，當然不具彈藥的互換性。

使用Mk19自動榴彈發射器的美國海軍陸戰隊。

DATA
【Mk19自動榴彈發射器】

裝　　彈	30發STANAG彈匣
重　　量	35公斤（包含三腳架）
長　　度	103公分
全 自 動 發射速率	發射速率為350～400發／分鐘

曲射火砲

迫擊砲

▼ mortar

問　世	第一次世界大戰時／英國的斯托克斯式戰壕迫擊砲被視為原型。
優越點	步兵部隊可操作使用的火砲，做為「步兵友善的朋友」被世界步兵部隊所使用。

做為步兵之友的前裝彈式輕量砲

在戰爭電影中為世人所熟悉——像立起水管般簡單的輕薄砲身，從砲口將航空炸彈狀的砲彈滑進砲身內，下個瞬間，伴隨笨拙地「砰」的一聲，砲彈便發射出去的——火砲，便是迫擊砲。

迫擊砲是以45度以上高仰角發射的火砲，彈道彎曲呈現完美的拋物線形狀。再則，因為彈道彎曲，在掩蔽物、建築物後方、壕溝中的敵兵的頭上都有可能遭遇砲彈攻擊，藉由高角度的彈著、爆炸，讓砲彈碎片呈圓環狀，並且往水平方向飛散，對於步兵

以120公厘迫擊砲M120進行砲擊的美國士兵（「伊拉克自由作戰」）。

作戰是非常有效的武器。以彈道低伸的低角度著彈的加農砲彈，彈炸裂片大多都飛到空中或土中浪費掉了。

因為這樣的彈道特性、遠比一般火砲來得小型輕量，而且還能以高發射速度發射，所以迫擊砲不被當成「砲兵部隊專用砲」，而是當成「步兵部隊使用砲」，作為在步兵作戰上臨機應變，以火力加諸敵方的「步兵友善的朋友」，成為世界步兵部隊的必備品。

語源為「臼」

迫擊砲的另一個特徵，就是擁有口徑長度在5到20公分的極端短砲身。因此，迫擊砲在英語圈中被稱為「mortar＝臼」，明治時期的日本陸軍將它翻譯成「臼砲」。

將形狀做得猶如航空炸彈般的迫擊砲彈，從砲口滑進砲身後，彈底的雷管撞擊砲管底部的撞針後點燃發射

圖片／Spc. Joshua Grenier

在阿富汗以60公厘迫擊砲進行砲擊的士兵（2010年）

藥，藉由發射藥爆炸時產生的燃氣壓力推動彈砲發射。

日本陸上自衛隊分別獲得授權生產並裝備英國製L16式81公厘迫擊砲與法國製120公厘迫擊砲RT。

DATA [L16]	
口 徑	81公厘
重 量	約38公斤
最大射程	約5600公尺
最大發射速率	30發／分鐘

DATA [120mmRT]	
口 徑	120公厘
重 量	約600公斤
最大射程	約8100～1萬3000公尺
最大發射速率	20發／分鐘

從「撤裝」復活的槍！？

反恐戰爭時代下復權的 M 14

1957作為美軍主要制式步槍服役的是 M 14 步槍。使用的7.62×51公厘NATO標準用彈，是在威力和精度上有進一步調整的優秀彈藥，由於是步兵使用的步槍，採全自動射擊時彈藥威力過猛，而木製槍托設計也不符合突擊步槍時代需求。在越南叢林作戰中感受到這一點的美軍，決定大量配備 M 16，M 14採用後不到10年就遭到「撤裝」。

接著到了反恐戰爭時代。在伊拉克戰爭的城鎮戰中，狙擊槍要求具備速射性及高裝彈量，美國研製出 M 14狙擊步槍版本的 M 21，並

裝備 M 14 的美國大兵
（1967 年於越戰）。

且決定投入作戰。另外，即使在阿富汗的山岳作戰中，7.62×51公厘的威力仍受到好評。因此，甚至獲得美國海軍和海軍陸戰隊新制採用以 M 14 為基礎的狙擊槍（Mk 14 EBR、M 14 DMR）。

即便是在軍用槍的世界中，只要具有實力，就有復活的機會。

美國海軍陸戰隊隊員進行以 M 14 為基礎的 M 14 DMR 的射擊訓練。

CHAPTER 02
歩兵装備

撰文：あかぎひろゆき

先進／提高現代步兵裝備

由各式各樣的裝備品構成的步兵用個人裝備

　　現代各國軍隊所使用的步兵用個人裝備，是由各式各樣的裝備品所構成。將步兵的軍裝做區分，是由軍衣和各種裝備品組成，各個裝備具有哪些功能呢？那麼，簡單地從頭到腳依序做個介紹。

　　首先是「頭盔」，這是為了保護頭部不受砲彈碎片傷害的用具。平均重量1.3公斤，以前是鋼鐵製的，現在則是用凱夫勒（Kevlar）纖維等作為製造材料。「戰鬥服上下」遠比市售衣物堅固，為耐久性極佳的步兵工作服。現代大多加入迷彩印花，有時也會使用難燃材質。「戰術背心（防彈

背心）」是防止身體受到砲彈碎片威脅的裝備，重約4公斤。使用材質大致與頭盔相同，如果加裝陶瓷板，重約10公斤，能夠抵擋步槍子彈。

裝備的最新趨勢變化快速

穿在防彈背心等外的「戰術背心」，是附有可收納步槍子彈等各種袋類的防護衣，近年來出現可在任意的場所搭載各種袋類的防護衣，加上戰術背心本身不具防護力，所以新制採用的軍隊似乎有逐漸減少的傾向。「戰術軍靴」是傳統軍靴以特種部隊為對象所研製的裝備，在現代步兵也

會裝備。輕量肅靜且耐久性高，卓越透濕防水性的軍靴很多。一般為黑色，也有配合戰場植被加以改良的沙漠軍靴。裝載行李的「背囊」，美軍稱為Rucksack，英軍稱為Bergen

那麼，以下將依各項目逐一介紹步兵用個人裝備。

叢林迷彩服

Woodland camouflage suit

服役年	1981
優越點	適合苔原氣候等的寒帶、沙漠等乾燥帶以外廣大地區的迷彩樣式。尤其在溫帶地區的森林，能夠發揮偽裝效果。

古典的迷彩服
設想在歐洲戰場穿的戰鬥服

冷戰時代被美國四軍廣泛使用，其他國家的軍隊甚至紛紛出現仿效品，作為制式戰鬥服採用的為「叢林迷彩服（以下稱為叢林迷彩）」。叢林迷彩是由越戰結束（1965～1975）後的美軍所研發。研發工作在美國陸軍的NATICK技術研究所進行，與ALICE個人裝備系統一起歷經1980年代，為象徵美國四軍的迷彩樣式。最初叢林迷彩只用在被稱為BDU（Battle Dress Uniform）的戰鬥服上，後來連Alice Pack背囊以及各種袋類都印上迷彩印花。

叢林迷彩是以綠色、褐色、卡其色、黑色四種顏色相間，由不規則的

圖片／DVIDSHUB

穿著叢林迷彩服進行演習的阿富汗陸軍士兵。

用迷彩」。1981年問世，包括1982年入侵格瑞那達戰爭在內，不限於衝突地帶，甚至被廣泛使用在與其他國家軍隊的共同訓練。此外，不只同意外國軍隊授權生產，還有像韓國軍隊一樣，存在著裝備借用或挪用叢林迷彩圖樣的國產迷彩服的國家，以及引進生產過剩的叢林迷彩BDU的中小國家軍隊。

雲狀斑塊所構成，乍看之下和越戰時的高地用ERDL迷彩（越戰後期型樹林圖案）相似，不過在色調上有些微的差異。這是因為叢林迷彩是考慮在歐洲戰區使用所開發。因此，考慮到針葉樹廣泛分佈的植被，色調較高地用ERDL暗淡迷彩。

像這樣叢林迷彩已經可以說是「古典迷彩服」，應該可以稱之為對世界各國軍隊的迷彩服造成莫大影響的傑作。

影響他國軍隊的迷彩服

當初的叢林迷彩BDU只是棉與聚酯各占50％比重，被稱為「尼龍棉（NYCO）」的材質。不過為了提升耐久性，之後便採用與越戰時的ERDL迷彩相同的「尼龍材質」。它是將尼龍製成格子狀的布料，為了防止撕裂繼續擴大所做的考量。

叢林迷彩的正式名稱為「M81通

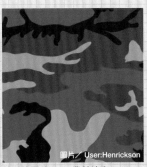

圖片／User:Henrickson

美國陸軍的M81叢林迷彩

個人裝備

數位迷彩服

▼ Digital camouflage suit

服役年	2005［UCP］
優越點	在山岳地帶或森林的偽裝效果有限。但是在有許多水泥建築物的城鎮戰中，偽裝效果較其他迷彩圖樣高。

數位迷彩服造成世界性流行

　　不同於以往傳統的雲狀圖樣，以自然界中不存在的直線為基調，添加上拼圖狀迷彩的戰鬥服，就是數位迷彩戰鬥服。如此嶄新的迷彩，包括中國、韓國、台灣、俄羅斯、加拿大，甚至是日本海上自衛隊及日本航空自衛隊都加以採用。目前不只是美軍，可以說世界上的主要軍隊都採用這種圖樣。

　　那麼，在為數眾多的數位迷彩服之中，最具代表性的應該是美國陸軍的ACU（Army Combat Uniform＝陸軍戰鬥服）。這款ACU添加了被稱為UCP（Universal Camouflage Pattern）的灰色系數位迷彩。數位迷彩是為了在瞬

圖片／United States Marine Corps Official Page

美國海軍陸戰隊的MARPAT迷彩（褐色基調的戰鬥服）。

穿著UCP的美國陸軍第2步兵師所屬步兵（於伊拉克巴格達／2006年8月）

工作服）上。海軍陸戰隊同樣也分成綠色系和褐色系兩種類型，雖然和MARPAT極為相似，色調上仍有微妙的差異。附帶一提，美國海軍還存在以藍色為基調的數位迷彩。日本海上自衛隊也採用了仿效此概念的數位迷彩，遠看幾乎無法與美國海軍作區分，色調及圖案也都非常相似。

間撞見時，不容易留下印象的效果所開發。不過，由於它是灰色系的色調，雖然適合在城鎮中進行偽裝，在山岳或森林地帶等野外，卻有著引人注意的缺點。因而不受到美國陸軍士兵的好評。

美國海軍陸戰隊獨自的MARPAT

相較於美國陸軍的灰色系數位迷彩的UCP，美國海軍陸戰隊採用不同色調，被稱為MARPAT（海軍陸戰隊迷彩的意思）的數位迷彩。這款MARPAT，分成以綠色為基調，以及以褐色為基調的圖樣。前者適合在森林地帶等野外，後者能夠在沙漠等地方發揮效果。

美國海軍也採用了類似MARPAT色調的數位迷彩，添加在NWU（海軍

圖片／Alexander Yuriev

穿著數位迷彩服的俄羅斯士兵。

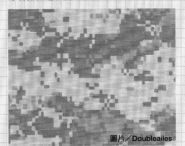

圖片／Doubleailes

美國陸軍的UCP

個人裝備

新型迷彩服（OCP）

▶ **Operational Camouflage Pattern**

服役年	2010
優越點	由不同深淺的配色構成斑點迷彩及漸層達到的偽裝效果，比其他迷彩更能適合多樣化的地形。

偽裝效果高超的
新型迷彩 OCP

所謂的 OCP，就是美國陸軍最新的迷彩圖樣。英文簡稱具有持久自由行動迷彩圖樣的意義，並非軍服本身的名稱。美軍針對 2001 年在美國接連發生的多起恐怖行動展開報復行動，當時的行動代號即為「持久自由」。在這場與塔利班餘黨的作戰中，美軍士兵穿著 2005 年採用的 ACU／UCP 的灰色系數位迷彩。然而，UCP 在阿富汗的戰場上非但沒有偽裝效果反而相當引人注意，因而飽受士兵們的批評。因此美國陸軍

OCP　　　　　　飽受士兵批評的 UCP

於 2010 年採用美國 Crye Precision 公司所設計的迷彩服，因為是用於持久自由行動的迷彩圖樣，所以稱之為 OCP。OCP 這款迷彩服是由不同深淺的綠色和卡其色，搭配淡粉紅色的斑點迷彩所構成。在各自的斑點迷彩上做出漸層，據說偽裝效果一流。

開始實戰配備的 OCP。於阿富汗。

（Multi Terrain Pattern）的迷彩，是由前面提過的專門製造美國軍隊衣服的 Crye Precision 公司所共同研製。圖樣雖然與美軍的 OCP 有著微妙的差異，不過也可以說是完全相同的迷彩。根據在阿富汗作戰行動中英軍士兵的說法，戰場不用說，就連在英國本土派遣前的訓練，似乎已經發揮了高度的偽裝效果。

英軍的 MTP 就像名稱顯示的一樣，可以說是適合多地形的優秀迷彩。附帶一提，這些迷彩雖然被通稱為「MultiCam」，不過作為軍服本身的稱呼，ACU ／ OCP（陸軍戰鬥服／持久自由作戰迷彩樣式）才是正確的名稱。

英軍及格魯吉亞軍也都採用 OCP

像這樣 OCP 成為美軍新通用的戰鬥服，不只士兵，就連軍事迷也給予好評，採用的例子除了美軍，還有英軍及格魯吉亞軍。格魯吉亞軍的士兵穿著從美國引進的 OCP 戰鬥服。另一方面，英軍採用的是稱為 MTP

在未來戰士計劃中所使用的 OCP。
2015 年夏天，預計交付酷似 OCP 的天蠍（Scorpion）迷彩。

個人裝備

未來迷彩服

服 役 年	尚未服役（參與2010年美軍新型迷彩測試）
優 越 點	用鮮明的陰影構成蛇紋圖案的「前景」，以及用模糊不清的方式，組合出明度和彩度有所差異的「背景」，發揮三次元的立體迷彩效果。

衍生出民生用品的迷彩技術

軍事技術走在時代的尖端，是直到冷戰時代的事。優異的軍事技術被轉移到民間的工業製品等方面，人們慢慢受到科技帶來的恩惠，如今官民之間出現技術逆轉的現象。這個現象不只限於軍用機、戰鬥車輛或是艦艇等大型兵器中。就連步兵身上穿的迷彩服，也被轉用到民生品的技術上。

美軍的OCP迷彩服，一般通稱為「MultiCam」，也是採用民生製品。另外，作為美國狩獵用途而研發的「蟒紋迷彩（Kryptek）」，據說是被預測日後會被各國軍隊採用，或者參考並且模仿的優異迷彩。蟒紋令人聯想到

圖片／Hyperstealth Biotechnology Corp

據說就像「哈利波特」小說中的隱形斗篷一樣，可利用光的折射使人或物體呈現透明狀態。
加拿大研發企業的展示圖。

爬蟲類的皮膚，有如蛇紋般的獨特圖樣令人印象深刻。這款迷彩同樣具有爬蟲類風格的圖樣，卻又同時由數種不同的色調及配色組成。也因為這樣，能夠因應森林、平原、沙漠、城鎮、夜間等各式各樣環境，而成了特色標語。

圖片／Paolo Tonon

投影型的光學迷彩服概念圖

可能實現嗎？
終極的光學迷彩服

現代的迷彩服以將迷彩圖樣印在纖維，溶入背景的效果為目標。因此，只要穿著與背景不同色調及配色的迷彩服，顯得起眼也是理所當然。如果是部署在全球各地的美國步兵，要從阿富汗的山岳地區緊急投入敘利亞的城鎮地作戰也是可能的。這樣一來，就必須從OCP的MultiCam迷彩急忙換成UCP的數位迷彩。

以現代的技術，要研發出配合周遭植被，讓色調和配色自動產生變化的「變色龍迷彩服」尚有難度。於是研發者想出了「光學迷彩」此妙招。當初嘗試同步將360度全視角的風景拍攝下來，再把影像投射在衣服上的方法。這麼做雖然可以溶入背景，但是在全身內藏攝影機的戰鬥服，這想法並不實際。另一方面，加拿大科技設計公司聲稱自己運用納米技術（NanoTechnology）以及光的折射，研發出一款「光學迷彩斗篷」。雖然真假無從判斷，不過聲稱它不是溶入背景，而是消失不見（看起來）。假如這是事實，應該有機會研發出能夠變成透明人的「終極迷彩服」。

圖片／BAE系統公司 **BAE**

光學迷彩以各式各樣的兵器進行研究。搭載開發中的「e-camouflage」系統的戰車，經由高速感應器不斷地解析周邊的景色，並且同步顯示在車體上。

個人裝備

IIFS&MOLLE 系統

▶ IIFS / MOLLE system

服役年	1988
優越點	藉由採用附口袋設計的戰術背心，就不需要更換各種袋類（可以避免使用不需要的袋子）。

戰術背心型的 IIFS

「IIFS（Individual Integrated Fighting System）」是取代之前的 ALICE 的美軍步兵個人裝備。1973 年制定的 ALICE 型個人裝備，取代了舊型的 M1967 型個人裝備，吊帶搭配彈帶，以及可拆式水壺及彈藥袋的設計，跟以往沒有太大的改變。將這些傳統裝備全面換裝的劃時代個人裝備，就是 IIFS。

IIFS 於 1988 年制定，從 1991 年的波斯灣戰爭時期開始在步兵部隊中普及，其特徵為戰術背心的採用、稱為「Fastec」的樹脂扣的大量使用，以及布料的迷彩化。傳統的個人裝

圖片／PEOSoldier

MOLLE系統

備，需要視任務更換各種袋類。然而，戰術背心從一開始就附袋類，因為扣具的採用，也讓收納物品的取放變得容易。

圖片／
PEOSoldier

圖片／PEOSoldier

穿著 MOLLE 系統的士兵

配置容易的 MOLLE

另一方面，作為 IIFS 的後繼型在 1997 年被採用的 MOLLE（modular Lightweight Load-carrying Equipment），是美軍所研發的新世代個人裝備。使用者採用稱為 PALS 的劃時代裝備固定系統，可以就喜好的場所裝備各種袋類。為此，防彈背心及背囊上方，縫上一條 1 英寸（2.54公分）寬的固定織帶。這條織帶上的任何位置都可配置袋類。

搭載的袋類，用 PALS 織帶夾固定。這個 PALS 是由強調耐久性CORDURA 高質素尼龍布料所製造，在做成帶狀的一端，採用四合釦「啪一聲扣住」的固定方式。除了美軍以外的英軍、俄羅斯軍，日本陸上自衛隊的戰鬥防彈背心二型及三型也使用這個 PALS。

圖片／PEOSoldier

裝備 MOLLE 系統在伊拉克山岳地帶行軍的士兵。

個人裝備

防彈裝備

▼ **Bulletproof equipment**

服役年	1980〔PASGT〕
優越點	世界首次在頭盔和防彈背心的材質上採用芳香族聚醯胺品種的凱夫勒（Kevlar）纖維。防護力較以往有所提升。

往輕量化發展的現代頭盔

　　保護步兵血肉之軀不受子彈及砲彈碎片傷害的必要護具，就是防彈裝備。防彈裝備分成保護重約1.3公斤的頭部的「頭盔」，以及主要用來保護身體重約4公斤的「防彈衣」（防彈背心）。當中的頭盔在第二次世界大戰後仍以鋼鐵原料製造居多。不過，美軍於1980年代採用由芳香族聚醯胺成份的凱夫勒纖維層層交疊織造而成的「PASGT頭盔」，各國軍隊也開始紛紛仿效。

　　由於PASGT形狀如同第二次世界大戰時德軍的頭盔，而被美國大兵暱稱為「Fritz」。以專門針對特種部隊使用的MICH為原型的「ACH」，作為PASGT的後繼型被美國陸軍採用，不過只能抵擋砲彈彈片或是手槍子彈。相對於此，2011年登場的「ECH」，

穿戴「ACH（Advanced Combat Helmet）的士兵」。

圖片／PEOSoldier

最新的「ECH（Enhanced Combat Helmet）」。

裝備「攔截者防彈衣
（Interceptor body
armor）」的美國海
軍陸戰隊模特兒。
頭部配戴的是 AN／
PVSV-7夜視裝置。

圖片／Collectorofinsignia

是可以抵擋槍彈的頭盔。近年來的頭盔，具有防護面積縮小的傾向，重量也較傳統型的約減少100g。

加入陶瓷板提升防護力

輕量且兼實用性的防彈背心登場，是在朝鮮戰爭時期左右。美軍的「M-1951」以及越戰時代進化的「M-1969」，不論哪一個都是由尼龍纖維層疊製成的防護衣。1980年代，採用凱夫勒（Kevlar）纖維製的「PASGT防彈背心」，防護力雖然有一些提升，卻只能阻止砲彈破片及手槍子彈的穿透。

在那之後，2000年代前半登場的「攔截者（Interceptor）」，是在多層凱夫勒纖維構成的軟體防彈衣，重量3.8公斤的主體上，於腹部及背部各加裝一片重1.8公斤的SAPI陶瓷板。雖然約變重8公斤，不過這樣就可以防住7.62公厘的步槍子彈。不

僅如此，2007年後繼型「IOTV」登場，2010年「SPCS」與IOTV同時並用，犧牲了防護面積換來了輕量化。像這樣近年來只防護身體的「戰術背心」成為各國軍隊的主流。

穿著戰術背心的伊拉克陸軍士兵。戰術背心因為輕量又兼具機動性，而被特種部隊及民間軍事公司等所使用。

單兵可攜帶無線電、個人攜行無線電等

▼ Personal portable radio

服役年	1985〔JPRC-F10〕
優越點	工作頻率以數位型態在小型液晶面板上呈現，既容易確認也能做設定（同世代的AN／PRC-77以類比信號表示數值）。

單兵背負式無線電機

所謂單兵可攜帶無線電機，是指軍隊中所使用的戰術攜帶式無線電機，因為使用者要像背包那樣背著它使用，所以有此暱稱。代表性的單兵無線電機，為美軍所使用的「AN／PRC-77」以及後繼機型「AN／PRC-119」，日本自衛隊至今仍在使用的「85型手攜式無線電機JPRC-F10」及後繼機型的「手攜式無線電機1號JPRC-F70」等。

這些單兵無線電機，如果是步兵部隊，一般由小隊長以上的指揮官所使用。傳統類比式軍用無線電，只能經由聲音進行通訊。但是現代的

代表性的個人攜行無線電機AN／PRC-77

單兵無線電為數位式，藉由連接軍用電腦等，可以傳送與接收畫面等資料。這在現今的數位軍用無線電機已成為常識，作為因應敵方竊聽及干擾的電子戰對策，裝置了聲音通訊的保密機能。不僅如此，只要使用可動式拋物線狀天線，甚至可通過它進行衛星通訊。

小型個人攜行無線電機

個人攜行無線電機，為手提式的小型軍用無線電機。正因為接收傳送輸

AN／PRC-152的控制元件。

出功率小，所以體積小為其特徵。當然，和單兵無線電一樣，不只能傳遞聲音，還可以傳送及接收畫面等資料。相對於單兵無線電機主要是由小隊長以上的指揮官所使用，個人攜行無線電機即使是分隊長以下的一列兵也能使用。具代表性的個人攜行無線電機，有美軍的「AN／PRC-152」、日本自衛隊至今仍在進行配發的「攜帶式無線電機2號JPRC-F80號」等。

在1991年的波斯灣戰爭及2003年的伊拉克戰爭中，美軍大量使用摩托羅拉公司及ICOM公司所製造的市售無線電收發機，這是因為官方配給的無線電機數量不足。平時的軍隊以戰車、戰鬥機、艦艇等「用於直接參加戰鬥的裝備」的調度為優先。因此，就算知道無線電等通訊器材為重要配備，很多時候仍無法補足戰時所需的數量。

在個人攜行無線電機AN／PRC-152接上十字型天線的通訊空軍救難員。

軍用電腦、GPS、骨傳導麥克風等

Military personal computer, GPS other

服役年	1996 ［軍用PC］
優越點	轉用市售品，成為軍用PC代名詞的Panasonic公司「TOUGHBOOK」，具備符合MIL規格的耐衝擊力，可靠性高於類似品。

促進軍方IT化的軍用PC

不限於民間，電腦（以下用PC表示）也在軍隊之間普及的今日，軍用PC在戰場這樣殘酷的環境下被使用。美軍根據MIL規格、日本自衛隊根據日本防衛省規格（NDS），制定了一套耐衝擊性、防水性、防塵性、耐電磁干擾性的標準。現代步兵使用通過這些標準的軍用PC，用來處理及收發作戰命令的文書、軍用地圖、偵察照片或影像等訊息資料。

正在操作軍用PC的美軍士兵。

圖片／
defenseimagery.mil

不僅如此，近年來就連市售的智慧型手機，也逐漸作為特種部隊及步兵的個人裝備使用。在智慧型手機中運作的軍用APP（應用程式）中，像是砲兵、迫擊砲手或是狙擊手用的彈道計算APP，也有軍事迷可以下載的程式。據說美軍目前正在檢討是否採用像蘋果公司（Apple）智慧型手錶那樣的穿戴式裝置電子裝置，想必軍隊今後將會越來越IT化。

符合美軍 MIL 規格，交貨給美軍的 Panasonic 公司 TOUGHBOOK（TOUGHBOOK※日本國內品牌名稱為 Let's Note）
圖片／User R

美國羅克韋爾柯林斯公司（Rockwell Collins）的攜帶型 GPS。GPS 在美軍，連在一般士兵之間都很普及。

甚至裝備 GPS 和骨傳導麥克風

「GPS（Global Positioning System）」於當今也被應用在行車導航系統等民生用品上，原本是利用美軍所研製的全球人造衛星定位測位系統。

在 1991 年的波斯灣戰爭中，這個 GPS 即已派上用場。除了目標所在位置的經緯度座標資訊，還可以轉換並顯示成軍隊所使用的 UTM（通用橫軸麥卡托）座標資訊。如今 GPS 不分軍方民間全都朝向小型化發展，成為現代步兵的必需裝備。

另一方面，不只是現代的特種部隊，近年來「骨傳導麥克風」在步兵之間也越來越普及。骨傳導麥克風類似於裝在戰車兵喉嚨附近的「喉震式麥克風」。不過，其原理與喉震式麥克風有少許的差異。它不是直接收集聲帶的振動，而是經由頭蓋骨將聲帶產生的振動，轉換成聲音訊號來進行對話的方式。戰場上，槍砲彈的炸裂聲讓人處在吵雜的環境中。骨傳導麥克風就是在那種環境下發揮作用的麥克風。

圖片／The US Army

經由 AN／PRC-117G 無線電機讓軍用電腦連結網路的美國士兵。

夜視裝置與紅外線攝影裝置

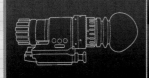

服役年	1945〔主動式〕
優越點	並非護目鏡型，而是鏡頭目視轉接器，第二次世界大戰末期的德軍讓它成為全世界第一款實用化的個人夜視裝置。當時的其他國家軍隊僅靠肉眼。

主動式和被動式

　　夜視裝置是為了將夜間視力大幅提升至肉眼之上的機器，為當今作戰中必需的個人裝備。到冷戰時代為止，除了特種部隊外，就連參與直接戰鬥的步兵部隊，都沒有裝備足夠的數量，如今逐漸成為步兵部隊的標準配備。近年來，美國國力衰退問題傳說紛紜，話雖如此，美軍是全世界擁有最多國防預算的國家。不管怎麼樣，美軍的步兵部隊幾乎全員裝備夜視裝置。

　　而這款夜視裝置，分成由機器本身發出一束紅外線，照到物體上再

在伊拉克使用的美國陸軍夜視裝置影像。

反射回來被眼睛看到的「主動式」，以及裝置本身不發出紅外線等任何光線，即能讓物體可視的「被動式」。前者最初被用在作為夜視裝置的方式，假如敵人也裝備同樣的裝置，那簡直就像「夜裡提燈籠」一樣，將

AN／PVS-14夜視裝置 　圖片／PEOSoldier

圖片／PEOSoldier

配備AN／PVS-14夜視裝置的士兵。

曝露出我方的存在。相對於此，後者以放大月光和星光等自然光源轉為可視光，隱匿性提高，而成為現在的主流。

利用物體溫度顯像的紅外線攝影裝置

由於被動式夜視裝置是把月光和星光等自然光源放大轉為可視光，因而被稱為「微光夜視裝置（StarLight Scope）」。但是，這樣的方式，在看不見星光的黑夜、光源不足的室內等暗處，則無法使用。

相對於此，「紅外線熱成像儀（Thermal Imager）」是利用人體體溫等，物體散發出來的熱源（紅外線）形成肉眼可見的影像的裝置，即使在沒有光源的地方，依舊可以使用。不過，紅外線熱成像儀不像紅外線熱像儀（thermography）是彩色影像。因為不是能夠偵測物體溫度分佈的裝置，重視視認性，所以大致上是綠色等單一色的影像。

配備AN／AVS-63夜視護目鏡的美軍士兵。

特殊裝備

NBC防護裝備

Nuclear/biological/chemical suit

服役年	1990年代〔Saratoga裝備〕
優越點	採用了活性碳的NBC裝備，無論是美軍還是日本自衛隊皆有具備，德國研發的Saratoga裝備，具有高防護性和耐久性。

保護身體遠離核、生物、化學

核武器（Nuclear）、生物武器（Biological）、化學武器（Chemical）這三種武器，在日本自衛隊總稱為「特殊武器」。取這三種特殊武器第一個英文字母，保護士兵身體不受非人道大規模殺傷武器傷害的裝備為「NBC裝備」。

NBC裝備可分成「戰鬥用防護衣」和「化學防護衣」這兩種，前者是在布料織入活性碳的輕量型。含有放射性物質的塵埃、煙霧狀的有毒化學劑等不會滲透進來，而內部汗水的蒸氣

圖片／Sgt. Joseph McAtee

穿著NBC裝備的訓練畫面。

可以散發出去。另一方面，後者為橡膠製成，防護性雖高，卻完全不具透氣性。因此，許多軍隊保有的化學防護衣，可加裝小型送風機。然而，即使讓小型送風機運轉，效果不過是求安心罷了。現役時代的筆者，曾在氣

Saratoga裝備。圖片為UCP迷彩樣式的防護衣。

用，在1995年的日本地鐵沙林事件中，面對致命性化學武器的沙林毒氣，其效果獲得實證支持。

各國的NBC裝備中，以NATO軍及美軍採用的「Saratoga裝備」廣為人知。據說為德國製造且防護性能高，世界各國的軍隊也都在使用。近年來，「伊波拉出血熱」在非洲大流行。在2014年，西非狂猛肆虐的伊波拉出血熱，雖然宣告止息，對於消滅病毒卻還有很長的一段路要走。NBC裝備也對防護伊波拉出血熱有效，想必會出現穿著這套防護衣的士兵從各國被派到疫區，在消毒及搬運遺體時派得上用場的場面。

溫攝氏35度的演習場上穿著化學防護衣，進行直升機的除染訓練時，幾乎快要昏過去。

在地鐵沙林事件中證實有效

像這樣NBC裝備和化學防護面具一起成為軍隊中至關重要的化學裝備。社會上一般稱為防毒面具，美軍稱為化學防護面具，日本自衛隊則單純地稱為防護面具。NBC裝備與這個軍用防護面具搭配成一組使

神奈川縣警的NBC對策車。

EOD防護裝備

▸ Explosive ordnance disposal suit

服役年	2000 [Mk5]
優越點	反映第二次世界大戰後的實戰經驗，防護性能較舊型的Mk提升。經過多次的改良，比其他國軍的類似品卓越。

提供身體免受爆炸物傷害的專用服

所謂的EOD，是Explosive Ordnance Disposal的簡稱，EOD防護裝備（防爆衣）在軍隊及警察中，由爆炸物處理隊隊員所裝備的特殊衣物。大多數的情況下，是由防彈背心也有使用的「芳香族聚醯胺系列纖維」等材質製成的兩件式防爆衣，以及全罩式頭盔所構成，其模樣簡直就像太空衣一樣。

在各國軍隊所使用的EOD防護裝備中，最具代表性的即是美軍的「Mk5 EOD防爆衣」。這款Mk5是從2000年開始配發的防護衣，現在幾乎已經將舊型的Mk4 EOD防爆衣全

圖片／Hexogen

穿著EOD防護裝具進行爆炸物處理訓練。

圖片／Marion Doss

裝備EOD防護裝具時的情景。

部更新完畢。Mk5的重量光是頭盔就重約4公斤，若將防彈衣本身的重量包含在內，全身上下裝備超過30公斤。不只如此，還準備了防爆用的盾牌。在日本，為了處理第二次世界大戰時被投下的未爆彈，日本陸上自衛隊也裝備了名為防爆衣1型及2型的EOD防護裝具。

如果是少量的C4炸藥
能夠充分抵擋

再來是最重要的防護性能，此款防爆衣使用美軍的MIL規格，能夠承受以每秒555到630公尺速度傳播的爆炸氣浪，通過防彈性能指標的NIJ所訂的IIIA級標準。也就是說，可抵擋與點44麥格農手槍射擊動能相當的爆彈碎片。要說實際上具有多大程度的防護力，大概可以承受數十公克的C4炸彈，但如果換成數個砲彈或反戰車地雷的IED（即席而作爆炸裝置）的爆發，防護力便不足以抵擋。不管怎麼說，這些IED具有破壞60噸重戰車的殺傷力，IED在近距離下爆炸，應該會先沒命吧。

特殊裝備

降落傘及潛水裝備

▼ **Parachute and diving equipment**

服役年	１９９０年代［LAV系列潛水裝備］
優越點	降落傘配合用途存在多樣化種類。現代的潛水裝備以閉鎖迴路式潛水用具為主流，可靠性極高。

多樣化用途的軍用降落傘

簡單一句話，軍用降落傘（保險傘），其實包含各種用途的降落傘。降落傘分成人裝備用，以及航空機等或者物品裝備用兩大類。前者有空挺傘、飛行員等脫離飛機時使用的航空傘（筆者曾在日本自衛隊配備過）。

演習中進行傘降的美軍。

圖片／日本陸上自衛隊第1空挺團

日本陸上自衛隊第1空挺團的訓練景象。從應變能力來看，第1空挺團也具有島嶼防衛等的職責。

後者則有軍用機在著陸時使用的「減速傘」，以及在空投燃料、彈藥、機材等時使用的「物資傘」等。

步兵（空降兵）或特種部隊所使用的，主要是名為空挺傘的降落傘，分成一般所熟悉的「傘形」和「方形」。空降傘分成「自動開傘索跳下」及「自由跳下」兩種降落方法。我們在人員從運輸機或直升機降下時的照片中，看到一端連接機內天花板的黃色按鈕，那就是自動開傘

圖片／JOINT BASE ELMENDORF-RICHARDSON

傘降訓練中。著地前的士兵。

索。不需要自己操作降落傘，降落傘會自動張開。自由降下為特種部隊常用的方式，基本上是手動釋放。這是採用HALO（高高度降下低高度開傘）等的技術，在秘密潛入敵地時進行。

水中作戰不可欠缺的潛水裝備

另一方面，潛水裝備也是重要的裝備。在陸軍步兵部隊中尚未使用，卻是海軍特種部隊進行水中作戰時的必要裝備。

此外，海軍陸戰隊及陸軍的突擊部隊等特殊性的部隊，有時也具備潛水裝備。這些部隊，有時使用潛水裝備在水中執行艦艇或港灣警備、執行水雷處理或救難搜索，有時甚至還要進行水中戰鬥。說到潛水，成為水肺潛水裝備的代名詞的水肺（Aqua-Lung，品牌名稱）相當知名。藉由背負式壓縮氧氣瓶（非氧氣筒）水中呼吸器進行潛水，將吐出的氣體釋放到水中的「開放式循環水肺」。

相較之下，現代的潛水裝備以「閉路式循環水肺（Closed Circuit Scuba）」為主流。以往都是在水中將自己所排出的呼氣循環、再利用的環保式裝置。其中以德國德爾格醫療設備（Dräger）製造的LAV系列最為知名，性能好不用說之外，可靠性也高，這套潛水裝備被廣泛地使用。

美國海軍特種部隊的海豹突擊隊（Navy SEALs）正在進行水中訓練。
2007年在夏威夷。

未來步兵裝備

未來的高科技步兵裝備
（陸上戰士）

▼ **Land Warrior**

服役年	2007 [暫定採用]
優越點	由美國陸軍第9團步兵部隊的一部分裝備，於伊拉克參加實戰。改善點雖多，比起其他國家軍隊的類似裝備，戰場實績豐富。

藉由網路共享戰鬥資訊

目前先進國家的軍隊皆熱衷於未來的步兵應該具有什麼面貌的研究開發上。解答之一就是「步兵的高科技化」。包括美國軍隊（以下稱美軍）在內，法軍、德國聯邦軍、韓軍等其他，就連日本陸上自衛隊也以「先進裝備系統」之名，進行高科技步兵裝備的研發。美軍將這個具野心又兼具未來性的高科技步兵命名為「陸上戰士」，在1991年的波斯灣戰爭後開始基礎研究。這項陸上戰士的計劃名稱曾改為「未來戰士」，現在又改成「網路戰士」，不過開發理念都是一貫的。

The Warrior Systems Approach

圖片／The.U.S.Army

陸上戰士的概念是透過網路將基層的士兵到上級部隊做連結，藉由情資共享，讓作戰朝有利的方向發展。這個概念是根據被稱為NCW（網路中心戰）的戰略戰術思維。

電池的大容量化和補充成為課題

這個高科技步兵裝備，在士兵的頭盔上裝有具夜視功能的攝影機 HMD（Head Mounted Display，頭戴式顯示器）、通訊耳機式麥克風，可以與軍隊全員共享最前線的動畫影像和聲音。由於能夠掌握我方步兵每個人的位置，因而誤射友軍相互攻擊的機會也減少

圖片／PEOSoldier

配備「陸上戰士」的士兵。注意頭盔。

圖片／PEOSoldier

了。前進指揮所等，也變得容易管理士兵的個人資訊。比方說，藉由將每個人的心跳數顯示在螢幕上，可以明白受傷程度及其變化，也能在短時間內掌握戰死人員的識別號碼。

但是，如此便利的功能需要有能夠長時間使系統運作的電池才得以實現。高科技步兵雖然在各國一部分已經實用化，最大的問題在於電池的大容量化。不僅如此，如何持續補充電池電力，如何讓系統整體輕量化等，技術上還存在許多有待解決的問題。

連衣索比亞人也拒絕的難吃程度！？

軍糧最新資訊

日語中的「軍糧」，是英文的Military（軍隊）與日語的めし（米飯）組成的造詞，狹義上指軍隊的攜帶食物。一般用英文的Combat Ration表示，也就是「戰地口糧」作為一般稱呼。日本自衛隊稱為「戰鬥糧食」，昔日帝國陸軍則稱為「攜帶口糧」。

就像今天我們看到的定量配給一樣，確立一個包裹一餐份的風格，是在第二次大戰爆發的幾年前。右圖是美軍的C式口糧及D式口糧，內容物為罐裝薄脆餅乾和起司以及巧克力等。

越戰後的美軍，殺菌及冷凍食品

圖片／Paul's Captures

美軍的C式口糧。

的技術進步，發展到現在的MRE口糧。MRE雖然在美軍俗語被揶揄成「連衣索比亞人也拒絕的難吃程度」，然而種類和菜單的豐富度，應該是世界之冠。附帶一提，法軍的配給口糧味道被評價為世界第一，而義大利軍的配給口糧包含葡萄酒。另一方面，日本自衛隊的戰鬥糧食II型為米飯加副食（配菜），為世界少見的內容。

圖片／austinevan

現代的法國戰地口糧。

CHAPTER 03
支援兵器

撰文：齋木伸生

支援步兵的各種兵器

戰車是為了支援步兵而存在？

　　步兵是歷史悠久的戰場主力。然而，步兵無法只靠步兵單獨作戰。或者該說，步兵只用自己能夠攜帶的兵器作戰，既不實際也不具效率，反觀借助各種支援兵器的一方，則能夠發揮好幾倍的戰鬥力。

　　作為支援步兵的最大兵器是戰車，這麼說或許戰車迷會生氣，不過戰車一開始是在第一次世界大戰的壕溝戰中，為了支援步兵突破敵陣而打造的武器。當敵方也擁有了戰車，便形成戰車對戰車的戰鬥，戰車一舉躍身成為陸戰的主力，但現今局部戰或游擊戰的作戰形式變多，而且實際上佔領敵陣終結作戰，只有步兵才能辦到。

支 援 步 兵 的 各 種 裝 甲 車 、 砲 兵 裝 備

戰爭演變成機械化作戰之後，裝甲運兵車以及裝步戰車便成為必要配備。這些裝備可一邊以裝甲防護步兵一邊實現高速機動性作戰。視必要情況使用和戰車一樣的履帶式、輪式、間接式等車輛。而今日其攻擊力、防禦力甚至能與戰車匹敵。

支援步兵的重要兵器是火砲。步兵本身也配備像迫擊砲及無後座力砲這類的輕量火砲，但在正式支援上果然還是需要專門的砲兵裝備。說到火砲，曾經是厚重長大的裝備。不過今時今日卻研發出跟進戰車、具備裝甲防護能力及機動力的自走砲，輕便型牽引砲也具備自行移動能力，以及便於空運的輕量火砲。

主力戰車

10式戰車

服役年	2009
優越點	將各種指管通資情系統高科技化，並實現輕量、小型化。看準能對日本全境進行戰略部署的次世代戰車。

日本陸上自衛隊裝備的
世界最先進的第4代戰車

10式戰車在2009年末被作為制式武器，目前持續生產及配發給部隊的世界最先進主力戰車。在研發之際，前世代的90式戰車由於內部空間的關係，要加裝各種指管通資情系統（C41）有其困難、未來作戰應該具備的性能綜合性不足、重量太重不適合進行全國性部署等要素，於是將該坦克納入考慮。

10式戰車在2013年以前配發了53輛，往後預定在2018年前達成44輛的配發。第一輛量產車體配備於負責教育訓練的富士教導團及下轄的富士

圖片／日本陸上自衛隊

日本國產的新型120公厘滑膛砲進行噴火。
正在做射擊訓練的10式戰車。

教導團本部附隊，之後持續配備給靜岡的第1師團、北海道的第2師團。預測今後將配備給在九州進行重新編

圖片／Los688

10式戰車。與前一世代的90式戰車相比，全長（約−0.4m）／寬度（約−0.2m）都縮減了。

組，方面隊下轄的戰車部隊。

全境進行戰略部署變得容易。

輕量、小型化的高科技戰車

10式戰車在主砲掛載日產新型的120公厘滑膛砲、在裝甲前方加裝特殊裝甲模組、在側面裝備空間裝甲模組，保有和上一世代90式戰車同等的攻擊力、防護力。另外，作為值得炫耀的高科技裝備，10式戰車搭載了可完全對應日本自衛隊戰車基層連隊的新型指管通資情（C41）系統。

在輕量、小型化的車體上搭載了1200匹馬力的柴油發動機，以及感測出車體加速度作自動控制的半自動式懸吊系統，發揮敏捷的機動力。輕量化帶來的好處不只這樣，由於道路輸送時條件限制大幅度減少，對日本

DATA	
全　長	約9.4公尺
寬　度	約3.2公尺
高　度	約2.3公尺
重　量	約44噸
乘　員	3人
最大速度	約70公里／h
主要武器	120公厘滑膛跑×1 12.7公厘重機槍M2×1 74式7.62公厘車載機槍×1
發　動　機	水冷4行程8汽缸柴油引擎 輸出功率1,200匹馬力／ 2300轉

自走榴彈砲

99式155公厘自走砲

Type 99 155 mm self-propelled howitzer

服役年	1999
優越點	最大射程比前型的75式155公厘自走砲多了兩倍之多。此外，自動裝彈系統機能使得發射速度高速化得以實現。暱稱「長鼻子」。

日本陸上自衛隊的長射程自走砲

所謂的自走砲，就是在裝甲車體上搭載強勁火砲的武器，雖然能力不及戰車，卻是具備一定防護力和高機動力的戰鬥車輛。因而可達成對一般砲兵部隊來說具有難度，緊密追隨戰鬥部隊進行無時間差的火力支援。

99式155公厘自走砲是1970年代研發出來的75式155公厘自走砲的後繼型，在1999年正式服役的車體。雖然是高性能的車體，配發價格高達9.6億日圓是美中不足之處，直到現在配發數量仍停留在111輛（其中因意外損失了兩輛）。因此，富士教導團以外進行配備的，只有北海道的部隊。

圖片／日本陸上自衛隊
將89式裝甲戰鬥車體延長，並增設一對路輪。

圖片／日本陸上自衛隊

在美國與美國陸軍進行實際運轉的訓練。第2師團所屬的99式155公厘自走砲。

實現長射程、高發射速度

99式155公厘自走砲使用89式裝甲戰鬥車車體作為平台，車體延長，並增設一對路輪。整體設計為箱型的裝甲車體，車體前部為駕駛艙和引擎，後部為戰鬥艙和三百六十度旋轉砲塔，為現代自走砲的標準設計。

主砲採用日本國產的長砲管以及長射程的52口徑155榴彈砲。其射程比75式多了2倍約為30公里，若使用特殊長射程彈，據說甚至可達40公里。採自動化裝彈系統，不只砲彈，連裝藥也能自動填充。因此發射速度提升，3分鐘內最多可發射18發以上。為了活用這項性能，開發了跟隨99式155公厘自走砲後方補給彈藥的99式彈藥車。

DATA	
全　　長	11.3公尺
寬　　度	3.2公尺
高　　度	4.3公尺
重　　量	40.0噸
乘　　員	4人
最大速度	49.6公里／h
主要武器	155公厘榴彈砲×1 12.7公厘重機槍M2×1
最大射程	約30km
發 動 機	水冷4行程直列式6汽缸柴油引擎 輸出功率600匹馬力

96式輪型裝甲車

▶ Type 96 Armored Personnel Carrier

服役年	1996
優越點	最大限度地活用輪型車的特性，發揮高度機動力。同時實現了量產＆維修的低成本化。暱稱「美洲獅」。

日本陸上自衛隊首次開發的輪型裝甲運兵車

步兵顧名思義就是走路的士兵，目前全世界為了提升步兵的機動性，藉由汽車、裝甲車做人員的輸送已經成為理所當然的事。日本陸上自衛隊也研發了履帶式的裝甲運兵車，卻因價格昂貴而產量少，長久以來即便許多部隊已經機械化，仍然只有卡車。

96式輪型裝甲車是為了填補這樣的空隙所研發出來的車體。因為是輪型車，比起履帶式，生產及維護成本較便宜，因此可大量生產及配備。1998年部隊開始配備，到2014年已經配發了365輛，配備於北部方面隊的普通連隊、中央即應連隊。也擁有被派遣至伊拉克進行人道復興支援的實績。

圖片／日本陸上自衛隊

96式輪型裝甲車為被日本陸上自衛隊第一次制式採用的輪型裝甲運兵車。

圖片／Los688

從背後看過去的96式輪型裝甲車。可以看到後艙門的兩側上方，左右各有一台通風機。

不論道路或荒地
都能發揮高機動力

在單邊四個輪胎的底盤上，採用箱型裝甲車體設計，空間配置前部為駕駛艙和引擎，後部為兵員室。據說裝甲防護力可防小口徑槍彈和砲彈破片，在這種車體為標準程度。因為是輪型，因此可以高速在馬路上移動，具備卓越的機動作戰能力。

不只如此，基於全8輪驅動、中央氣壓控制系統（CTIS），能夠在不平整的路面發揮不輸履帶式車輛的機動力。另外，就算輪胎被敵方子彈打中洩氣，依然具備某種程度行走能力的軍用輪胎，即使面對敵人的威脅，仍然可進行戰場機動。主要任務為運送兵員，能裝備重機槍或自動榴彈發射器，具有某種程度的戰鬥能力。

DATA	
全　　長	6.84公尺
寬　　度	2.48公尺
高　　度	1.85公尺
重　　量	約14.5噸
乘　　員	10人
最大速度	100公里／h
續航距離	約500公里以上
主要武器	12.7公厘重機槍M2×1或是96式40公厘自動榴彈發射器
發動機	水冷4行程直列6汽缸柴油引擎輸出功率3600匹馬力／2200轉

輪型火力支援車

機動戰鬥車

▶ Maneuver Combat Vehicle

服役年	2015年預定
優越點	回應公路上高機動力以及火力支援任務的需求，同時兼顧迅速展開能力及大口徑主砲的高戰鬥力輪型火力支援車。

輪型車輛部隊是可信任的靠山

今日的步兵作戰，重視迅速展開能力，機敏性的輪型車輛部隊的編制成為主流。為這樣的輪型車輛部隊，帶來前所未見高戰鬥力的車體，就是機動戰鬥車。

圖片／日本陸上自衛隊

輪型裝甲車上搭載如戰車般的強力火砲！這就是機動戰鬥車。

要形容機動戰鬥車是怎麼樣的車體並不容易理解，就像在輪型裝甲車上搭載像戰車一樣的強力火砲。

有人說像輪型戰車，火力雖然和戰車一樣，裝甲防護力卻略遜一籌，所以這個說法會引來誤解。就能夠與戰車作戰這個意義，頂多可以說是驅逐戰車。機動戰鬥車在2013年秋天公開原型車，預計在2015年研發完畢，2016開始配發給部隊。

具備與戰車並駕齊驅的火力以及韋駄天※的行走能力

機動戰車採用在低矮的裝甲車體上，搭載低矮砲塔的聰明設計。採取前部為駕駛艙和引擎，後部為戰鬥艙，尾部用來存放彈藥或其他物品的實用空間。主要武裝採用與日本陸上自衛隊74式戰車等戰後第二世代戰車相同的105公厘主砲，幾乎可輕易擊破所有的裝甲車，具有足夠的能力與敵方戰車交鋒。

車體四面具有承受步兵攜行武器的防護力。似乎也能添加裝甲，這麼一來，就連敵方步兵的攜行反戰車武器，應該也能阻擋。最大速度可達每小時100公里，藉由最新的車輛技術，可對其在不平整路面行走的能力抱持相當大的期待。

※韋駄天，為佛教護法神。

圖片／日本陸上自衛隊

105公厘砲藉由中距離區域下的直接瞄準射擊，可擊破包含敵戰車在內的裝甲戰鬥車。

DATA	
全　　長	8.45公尺
寬　　度	2.98公尺
高　　度	2.87公尺
重　　量	26噸
乘　　員	4人
最大速度	100公里／h
主要武器	105公厘砲×1 12.7公厘重機槍M2×1 74式7.62公厘車載機關槍×1
發 動 機	4行程直列4汽缸柴油引擎輸出功率570匹馬力／2100轉

輕裝輪型裝甲運兵車
輕裝甲機動車

▶ Komatsu LAV

服役年	2000
優越點	實現日本陸上自衛隊普通科部隊裝甲化的輕裝甲機動車。保有卓越的戰場機動性的裝甲運兵車。英文縮寫暱稱「LAV」。

日本自衛隊版裝甲吉普車

在步兵部隊裡會使用為數不少的車輛，大多用於少數人員、物品運輸及聯絡上，而吉普車已成為小型乘用車的代名詞。這樣的車輛雖然無法用在正面突擊敵人上，但由於會在前線附近使用，所以曝露在敵彈下的可能性也很高。

然而，這些吉普型車輛，和一般的乘用車相同，車體結構只是普通鐵板，不具備承受敵彈的裝甲防護力。而日本自衛隊研發的輕裝甲機動車，該說是以乘用車型加裝厚重裝甲的裝甲吉普車車體。被用在戰略機動、戰術機動的人員運輸車用途

圖片／日本陸上自衛隊

北部方面隊綜合戰鬥力演習中的第２師所屬的輕裝甲機動車。

上，主要配屬於普通科部隊。

固有武器沒有設計在內，不過可從天花板的艙門發射MINIMI輕機槍及反戰車誘導彈。輕裝甲的防護力為可

圖片／Los688

中央即應連隊的隊員從輕裝甲機動車的車上架著01式輕型反戰車誘導彈。

承受槍彈或彈片程度，是這種車輛的基本標準。

　　最大速度可達每小時100公里，四輪驅動，採用即使被子彈打中還能繼續跑的軍用輪胎，具備優秀的戰場機動性。

以很難置信的快速進行調度

　　輕裝甲機動車在1997年開始研發，從2002年起開始配備。應該特別著墨的是，日本自衛隊車輛難得以非常迅速的速度進行調度。截至2013年度末，預算安排的日本陸上自衛隊已配發了1673輛，以之前日本自衛隊的裝甲車輛來看，堪稱是無法比擬的配發數量。

　　根據本車配備，在普通科急速推展裝甲化上面，應該可以給予高度評價。特別規格的車體被送至伊拉克派遣部隊，本車同時也是展示軍力的車體。另外，日本航空自衛隊也配備作為基地警備用途。

DATA	
全　　長	4.4公尺
寬　　度	2.04公尺
高　　度	1.85公尺
重　　量	4.5噸
乘　　員	4人
最大速度	100公里／小時
續航距離	約500公里

主力戰車

豹二式

服 役 年	1977
優 越 點	全方位發揮戰鬥力／裝甲性能／機動力等高能力，架構出戰後第三世代戰車的標準。至今仍不斷的改良發展。

被世界各國所採用的
暢銷戰車

德軍在 1960 年代採用戰後第一次研製的主力戰車豹一式，緊接在後研發出來的是豹二式。這輛戰車當時作為 MBT 70／Kpz.70 與美國共同摸索研發，因為諸多問題導致計畫流產，演變成由德國獨自進行戰車的研發。1977 年採用作為制式裝備，1979 年末開始進行量產車體的交付。

豹二式當時總共收到 1800 輛的訂單，分成五個批次生產。這些戰車依次進行改良，分別稱為 A1～A4，內容卻有著相當大的差異。不僅如此，之後的豹二式，增加到第 6～第 8 批次，截至 1992 年總共生產了

圖片／w odi

這是威力驚人的 55 倍口徑的 120 公厘滑膛砲！

利用雜草做偽裝，進行加速前進演習的豹二式。

2125輛。

不斷改良發展的
世界最強戰車

　　豹二式主砲裝備120公厘滑膛砲，在低矮車體及傾斜構造砲塔上裝備了複合裝甲，發動機具備1500匹馬力的大出力，具備高機動力。這些成為豹二式戰後第三世代戰車的標準。但是隨著技術的進步，舊式化是難以避免的過程，德軍至今仍不斷的在豹二式上進行大幅度的改良。

　　為了加強裝甲防護力，A5在砲塔前方加裝了特殊楔形裝甲等改良，改造了350輛。為了進一步提升攻擊力，A6將主武器改為砲管長度是主砲口徑55倍的120公厘滑膛砲，在

A5改裝車體上改裝了225輛。不僅如此，一部分的車體為了在阿富汗使用，改良成加強防地雷能力的A6M。

DATA	
全　　　長 ▶	11.17公尺
寬　　　度 ▶	3.74公尺
高　　　度 ▶	2.64公尺
重　　　量 ▶	62.5噸
乘　　　員 ▶	4人
最大速度 ▶	72公里／小時
續航距離 ▶	500公里
主要武器 ▶	55口徑120公厘滑膛砲×1 7.62公厘機關槍MG3×2
發　動　機 ▶	MTU MB 873型水冷12汽缸柴油引擎 輸出功率1500匹馬力／2600轉（豹2A6）

主力戰車

M1A2

服役年	1980
優越點	被譽為世界最強戰車，攻擊力、防護力超群。現在仍然不斷地持續改良，尤其著重在資訊科技（IT化）軟體部分的改良。

燃氣渦輪發動機的「美國車」戰車

　　M1艾布蘭與豹二式一起被譽為世界最強戰車。其研發經過和豹二式相同，以MBT70戰車的開發終止成為開端，原型車在1976年完成，1980年以M1艾布蘭正式服役。作為所謂的戰後第三世代戰車，低矮且傾斜造型的車體、砲塔上安裝複合裝甲。主砲原是和第二世代相同的105公厘滑膛砲，考慮到未來的發展，A1以後改為搭載120公厘滑膛砲。

　　最大的特徵為採用燃氣渦輪引擎。雖然具備了小型輕量，加速性、可靠性俱佳的特徵，卻有著燃料耗費極大

M1艾布蘭。艾布蘭名字的由來是推動研發計劃的人物，同時也是突出部戰役的英雄克雷頓·艾布蘭陸軍上將。

的缺點。該說是「吃油怪獸」的美國車，就連美軍也開始搭載在待機時間關閉引擎，提供車上系統運作所需的電力輔助動力裝置。

能持續進行改良
才造就出最強戰車

車長。除了在砲塔上目視外，也可從車內的螢幕進行索敵。

M1從A1開始成為真正的第三世代戰車，發展上能有這樣的餘裕，可說是很有美國作風的M1特徵。實際上，從正式服役以來，陸續改進出M1IP、M1A1、M1A1HA、M1A1HC（M1A1HA+）、M1A2版本，尤其在裝甲防禦力方面，據說已達原型的兩倍。

目前最新型為M1A2SEP，比起主砲或是裝甲等硬體部分，這個版本企圖在資訊科技（IT）的軟體部分做改良。不僅如此，現在為了在城鎮地區進行治安維持作戰，研發並使用TUSK（城市戰用途的生存套件）。

裝填手。乘員為了因應爆炸時的狀況，現在裝備較以往性能更高的OTV及IOTV。

DATA	
全　　長	9.83公尺
寬　　度	3.658公尺
高　　度	2.885公尺
重　　量	63.08公噸
乘　　員	4人
最大速度	66.1公里／小時
續航距離	426公里
主要武器	44倍口徑120公厘滑腔砲×1 12.7公厘重機關槍M2×1 7.62公厘機槍M240×1
發 動 機	Lycoming Textron AGT-1500燃氣渦輪發動機 輸出功率1500匹馬力／3000 轉（M1A2）

主力戰車

雷克勒

▶ Leclerc

服役年	1990
優越點	做為一輛第三世代戰車，構造非常小型、緊湊。具備車輛電子（Vehicle Electronics）系統和資訊鏈路，成為資訊科技化戰車的先驅。

圖片／Rama

7.62公厘機槍F1。

法製戰後第三世代戰車

法軍於1960年代採用戰後第一輛主力戰車AMX-30，緊接研發出來的是雷克勒。雖然對法國來說是第二世代，不過在西方國家的標準，符合第三世代戰車。法國與德國共同進行拿破崙／Kpz.3戰車的開發，因為一些因素使得計劃終止，加入研究結果等，獨自進行開發。

1983年歸納出基本樣式，1992年量產車體開始交貨。法軍原先預計生產1400輛的雷克勒。卻因冷戰結束後軍備縮減而遭削減，2008年僅量產了406輛便停止生產。雖然努力外銷，採用的國家只有阿拉伯聯合大公國，已被豹二式、M1遠遠拋在後頭。

圖片／Rama

設計概念與美獨戰車劃一界線，更注重小型、結構緊湊化。

與美獨戰車劃一界線的小型緊湊化戰車

相較於其他第三世代戰車，雷克勒更注重體積小、結構緊湊化，個性與日本陸上自衛隊的90式類似。和90式一樣，砲塔採用自動裝填系統，乘員3人。

雷克勒戰車為低矮車體，砲塔四周加掛複合裝甲，最大特徵是採用外掛式的模組化裝甲。

主砲採用120公厘口徑的滑膛砲，為法國自行研製，比起西方國家標準的萊茵金屬公司44倍口徑砲，改成砲管長威力也大的52倍口徑。或許是因為研發時期較其他國家晚，電子裝備充實，具備數位化Vetronix（車輛配置電子車身穩定裝置）系統及資訊鏈路，成為所謂的資訊科技化戰車的先驅。

DATA	
全　　長	9.87公尺
寬　　度	3.71公尺
高　　度	2.53公尺
重　　量	54.5公噸
乘　　員	3人
最大速度	71公里／小時
續航距離	550公里
主要武器	52倍口徑120公厘滑膛砲×1 12.7公厘重機關槍M2×1 7.62公厘機關槍F1×1
發 動 機	SACM V8X-1500 8汽缸柴油發動機 輸出功率1500匹馬力／2500轉

重型裝甲運兵車

阿奇扎里特

▶ **Achzarit**

服 役 年	１９９０年左右開始運用
優 越 點	起源於獨自改造其他國家戰車。雖然已落伍，但被改造成重型裝甲運兵車後，在戰地大肆活躍。

在自家軍隊活用擄獲的戰車

1967年6月5日，以色列對阿拉伯等國家展開突擊，僅6日便大獲全勝。在這場戰爭中，以色列軍隊大量俘虜了阿拉伯各國軍隊的裝備，當中約有400輛以上的T-54／55戰車。以色列軍設法將這些戰車改造，納入自國裝備，作為蒂朗4型／5型使用。

這些車體之後雖然不斷改良，隨著逐漸老舊，在1980年代初從以色列軍第一線任務退下。一部分被賣到外國，剩餘的車體被保管起來。

圖片／Bukvoed

阿奇扎里特後部。右側為兵員升降口，左為引擎室。

正當那時候，以色列軍為了步兵在城鎮戰的損失傷透腦筋。他們原本使用的M113裝甲運兵車採用輕裝甲，因此無法承受游擊戰中所使用的反戰車飛彈及其步兵攜行反戰車武器。演

圖片／gkirok

阿奇扎里特Mk.1。將T-54／55戰車車體四周，改造成中空裝甲兼作燃料箱的構造。

變到最後，蒂朗4型／5型被改造成裝甲運兵車。不管怎麼樣，光是以戰車為基礎，防護力就不是M113可以比擬。

不輸戰車的重型裝甲運兵車

本車被稱為阿奇扎里特。改造是大規模工程，不只把原有的砲塔拆除，設置兵員室而已。發動機是由M109改良而成的新型柴油引擎，配合這點，在引擎室右側設置了通往車體後方的通道。

接著為了提升防禦力，在車體四周裝上兼具增加裝甲作用的燃料箱。主要武力裝備了60公厘迫擊砲以及3挺7.62公厘機關槍，其中1挺裝備了遠隔操作式掛載。

DATA	
全　　長	6.2公尺
寬　　度	3.6公尺
高　　度	2公尺
重　　量	44公噸
乘　　員	10人
最大速度	64公里／小時
主要武器	60公厘迫擊砲×1 MAG7.62公厘重機槍×3
發 動 機	8V71 TTA以及 8V-92TA／DDCⅢ柴油引擎 輸出功率850匹馬力

M2／M3布雷德利

M2/M3 Bradley

服役年	1979
優越點	用同一款車體研發出運兵車和偵察車體。改良型的A3搭載新型電腦及數位情資系統，戰鬥力提升。

美國陸軍的主力裝軌式裝甲車

M2／M3布雷德利為目前美軍主力步兵用履帶式裝甲車輛。雖然有M2和M3兩種車型，基本上為同一台車輛，只有幾個配備不一樣。

所謂步兵戰鬥車，與裝甲運兵車類似，能裝備機關砲及反戰車飛彈等武器，具備與步兵一起提供火力支援的能力。至於另一部騎兵戰鬥車，雖然概念上不容易理解，主要作為偵察用途的裝甲車輛

於1979年正式服役，1990年代中期前不斷加入新的改良並且持續生產。之後仍然對既有的車體進行改良，現在與M1戰車一起坐上美軍主力步兵戰鬥車的寶座。尤其實戰經驗豐富，換句話說，經實戰驗證性能優越，不是其他車輛可以超越。

在伊拉克進行活動的M2布雷德利。

M2A3布雷德利。搭載了新型電腦及情資系統。

幅度提升。

基於戰訓加入改良
在面貌上有了大幅度的改變

　　車體是由傾斜面構成的箱型設計，戰鬥艙上搭載著由傾斜面構成的多面體狀砲塔。採用前方左側為駕駛艙，右側為引擎室，車體中央為戰鬥艙／砲塔，以及後方為兵員室的車內配置，為步兵戰鬥車的基本配置。

　　車體為鋁合金製，在之後的戰訓被指出防禦力不足，於是在車體、砲塔四周增加裝甲板。另外，也能裝備爆炸反應裝甲及被動裝甲等附加裝甲。

　　武器配備25公厘機關砲、反戰車用及拖式（TOW）反戰車飛彈發射器，可有效對付裝甲、非裝甲這兩種目標。改進型的A3搭載新型電腦及「指管通情」等電子系統，戰鬥力大

DATA	
全　　長	6.553公尺
寬　　度	3.277公尺
高　　度	2.972公尺
重　　量	27.67公噸
乘　　員	3＋6人
最大速度	56.33公里／小時
續航距離	402公里
主要武器	25公厘機關砲M242×1 7.62公厘機關槍M240×1 雙聯裝拖式反戰車飛彈發射器
發 動 機	Cummins VTA903-T600 水冷8汽缸柴油引擎 輸出功率600匹馬力／2600 轉（M2A3）

重型步兵戰鬥車

美洲獅

▼ **Puma**

服役年	2007
優越點	具備有別以往步兵戰鬥車的高防護力。裝甲等級分成A～C，最高級的C跟大部分的戰車比較，絲毫不遜色。

德國陸軍的21世紀型步兵戰鬥車

德國陸軍於1960年代，作為西方國家最早將貂鼠（Mardar）步兵戰鬥車實用化。同車長久地不斷改良並持續使用，然而舊式化終於走到了極限。重新採用的是，由克勞斯馬費（Krauss-Maffei）公司和萊茵金屬（Rheinmetall）公司共同出資、PSM公司研發並且加以生產的美洲獅。

事實上，美洲獅想取代貂鼠成為後繼車型，於1980年代後半由克勞斯馬費公司自行研發的車體。雖然研發

圖片／Sonaz

戰鬥艙上的MK30-2／ABM 30公厘機砲。

計劃因冷戰結束而宣告暫停，最終還是推出了。2004年簽訂試驗車的研發契約，車體根據1980年代當時的戰鬥車做大幅度的重新設計。2007年交付試驗車，在2009年簽訂405

圖片／Sonaz

防禦力足以與戰車匹敵的美洲獅。

輛的量產契約。

不輸戰車的重型步兵戰鬥車

　　美洲獅的車體採低矮箱型設計，尤其前方呈緩和的傾斜面。戰鬥艙上方搭載裝備30公厘機砲及反戰車飛彈的砲塔，砲塔為乘員無法進入的無人砲塔。車內配置為前方左側為駕駛室，右側是引擎室、車體中央是戰鬥艙／砲塔，後方為兵員室。

　　最大特徵為高防禦力。在這之前的步兵戰鬥車，基本上只能承受步槍及機關槍彈。雖說經過改良強化了防護力，卻只到能夠防禦重機槍及攜行反戰車武器的程度。而美洲獅準備了A～C級的裝甲，最高級的C級，具備幾乎能與戰車匹敵的防護力。

DATA	
全　　長	7.4公尺
寬　　度	3.7公尺
高　　度	3.1公尺
重　　量	43公噸（最大戰鬥重量）
乘　　員	3+6人
最大速度	70公里／小時
續航距離	600公里
主要武器	MK30-2 30公厘機砲×1 MG4 5.56公厘機關槍×1 雙聯裝Spike-LR反裝甲飛彈發射系統
發 動 機	MTU水冷10汽缸柴油引擎 輸出功率1088匹馬力／4250轉

輪式裝甲運兵車

BTR系列

BTR series

服役年	1959
優越點	成為輪式裝甲車先驅的系統。由於具水陸兩用特性，故為船體造型。搭載14.5公厘機關槍，增添了強力武器。

東方、第三世界的暢銷車

現今世界各國雖然大量使用輪型裝甲車，但成為使用先驅的是俄羅斯。由於俄羅斯擁有廣大的國土，因此重視陸上部隊機動力的確保。BTR系列最初的BTR-50為履帶式，因生產、維護成本高，要配備給所有部隊有其困難度。

因此，為了低價裝備必須數量，研發出來的輪式BTR-60，便完全成為俄羅斯輪式裝甲運兵車的代名

詞。第一種型號的BTR-60在1959年服役，生產至1976年，BTR-70繼BTR-60之後在1972年服役，從1976年開始生產。沿襲這些車款繼續改進的BTR-80，從1984年開始生

圖片／Vitaly V. Kuzmin
演習行車中的BTR-80。

圖片／Vitaly V. Kuzmin

改進型BTR-90的30公厘機關砲。

產，而現在仍然繼續研發改進型的
BTR-90。

具備一定的反裝甲，甚至防空火力。

BTR的構造

　　BTR為8×8輪式裝甲車，具有水
陸兩用特性。車體採用傾斜面構成的
箱型設計，為了在水上航行，特別設
計成船體造型。車內配置從前方開
始為駕駛室、設有砲塔配置的戰鬥
艙、兵員室、尾部為引擎室。BTR系
列最大缺點在於尾部是引擎室，因此
無法在車體後方設置乘降用的艙門。
　　BTR從BTR-60中期生產型開始
在車體上的砲塔裝備14.5公厘機關
槍，做為該種車輛所具備強勁的武
器。不僅如此，改進型的BTR-80A
或BTR-90裝備30公厘機關砲，因而

DATA	
全　　　長	▶ 7.65公尺
寬　　　度	▶ 2.90公尺
高　　　度	▶ 2.35公尺
重　　　量	▶ 13.6公噸
乘　　　員	▶ 3+7人
最大速度	▶ 90公里／小時
續航距離	▶ 600公里
主要武器	▶ 14.5公厘重機槍KPVT×1 7.62公厘機關槍PKT×1
發 動 機	▶ KAMZ-7403 8汽缸柴油引擎 輸出功率260匹（BTR-80）

輪式裝甲運兵車

LAV／史崔克

LAV / Stryker

服役年	1982
優越點	具有高度緊急部署能力，機動力敏捷。由美國海軍陸戰隊和陸軍所使用，雖然外觀非常相似，不過車部設計有部分差異。

在瑞士出生美國長大

過去提到陸上戰鬥部隊的裝備，以戰車和自走砲為代表的重厚長大型做為主力。然而，在今日所謂的低強度衝突成為主流的時代，則要求具有高度的緊急部署能力以及敏捷的機動力。象徵這些的，是美軍的LAV／史崔克輪式裝甲車。

該車體原本以1970年代初，由瑞

從C-17運輸機降至地面的史崔克ICV（M1126）。C-17共可搭載4輛。

搭載120公厘迫擊砲的M1129史崔克MC。

各式各樣的種類

海軍陸戰隊的主力車種，為搭載機關砲的步兵戰鬥車型LAV-25，陸軍的主力車種為裝甲運兵車型的史崔克ICV。但是，LAV／史崔克最大特點不只是這些主力車種，而是存在著各種家族車型，因為這樣，幾乎遍及所有部隊裝備。

據此，LAV／史崔克部隊全隊皆可發揮幾乎相同的高機動性。如果省略各車種的詳細資料，只是舉出名字，大致上有自走反戰車飛彈、自走迫擊砲、裝甲回收車、裝甲貨物運輸車、裝甲指揮車、機動砲系統等車型。

士摩瓦克公司（MOWAG，現已成為通用動力集團子公司）為外銷用途所研發的食人魚輪式裝甲車為原型，由美軍領先加拿大軍，在1977年作為GRIZZLY採用了6輪構型。注意到這點的海軍陸戰隊在1982年作為LAV採用了8輪構型。

美國陸軍原本也預計採用，一度因為預算而目送它離去，最後終於在2000年作為史崔克採用。或許是因為時差，也因為海軍陸戰隊和陸軍的要求不同，兩車體雖然非常相似，卻成為設計上有所差異的車體。

美陸軍作為主體採用的史崔克ICV（M1126）

DATA	
全　　長	6.95公尺
寬　　度	2.72公尺
高　　度	2.64公尺
重　　量	16.47公噸
乘　　員	2＋9人
最大速度	100公里／小時
續航距離	500公里
主要武器	12.7公厘重機槍M2×1
發 動 機	Caterpillar 3120柴油引擎 輸出功率350匹（史崔克ICV）

AMOS 迫擊砲系統

▼ Advanced Mortar System

服役年	2003
優越點	機動力、乘員的裝甲防禦力高,可在短時間內快速應對,可多發同時彈著的發展型迫擊砲系統。

北歐芬蘭製的獨特系統

芬蘭軍在1980年代研發出一款聯合國和平維持部隊(PKO)取向

圖片／Kristoffer Soderlund

帕羅拉坦克博物館(芬蘭)的展示車。可以看到三百六十度旋轉砲塔裝備著120公厘雙管迫擊砲。

的國產輪式裝甲運兵車Pasi系列,1990年代後半開始研發新型輪式裝甲車。該車輛被稱為AMV。所謂AMV,就是指模組化裝甲車的意思。

在這之前的輪型裝甲車,雖然進行所謂的家族化,但AMV一開始就是以多用途使用為基礎的車輛做設計,另外還增加了引擎及其他懸吊系統的選擇自由度。AMV的車體採全新設計,擁有比Pasi更加簡約的線條,似乎也具備不錯的匿蹤性。採取一般車內配置,從前方起為駕駛艙、引擎室、兵員室／

圖片／Kristoffer Soderlund

運兵型的AMV輪式裝甲車。

彈藥庫。

輪式火力支援車AMOS

　　AMV的基本型為運兵型，從這個型號開始可因應買方要製造指揮車或救援車等。在這些車種當中，最獨特的應該是AMOS120自走迫擊砲。所謂AMOS，是Advanced Morter System（先進迫擊砲系統）的英文縮寫。

　　AMOS是一套包含砲塔在內的迫擊砲系統，主要武器是120公厘後裝迫擊砲，採用雙管結構，以連裝的形式裝備在三百六十度旋轉的砲塔上。發射速度高，可採用直接射擊和間接射擊兩種方式，並且擁有多發同時彈著

的射擊絕技，最大射程達10公里的優秀產物。車體機動力高，可在短時間內快速反應，乘員的裝甲防護力也高，是一套極具優點的系統。

DATA	
全　　長	7.7公尺
寬　　度	2.8公尺
重　　量	26公噸
乘　　員	4人
最大速度	100公里／小時
續航距離	600公里
主要武器	120公厘AMOS迫擊砲×2
發 動 機	scania DI 12型柴油引擎 輸出功率543匹（XA-361）

Bv.206／BvS10

▼ Bv.206 / BvS10

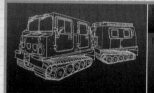

服役年	1980
優越點	作為全地形車，為非常獨特的鉸接式車輛。保有裝甲能力的Bv.206S，也被其他國家軍隊所採用。

獨特的鉸接式履帶車

　　瑞典作為武裝中立國，以研發製造獨樹一格的國產武器廣為人知，Bv.206及BvS10史無前例地將兩輛車體連接，被稱為鉸接式履帶裝甲車。Bv.206的研發始於1974年，作為可在瑞典地形特徵為湖沼地帶、森林、凍原、雪地上使用的全地形車來設計。

　　其特徵在於將兩輛小型的履帶車連接在一起，提高對崎嶇路面的適應能

在雪地行進中的Bv.206。北歐瑞典特有的履帶式裝甲車。

BvS 10

力，以及裝上寬度很寬的履帶使地面壓力最小化。Bv.206 在 PKO 等被使用的機會也很多，可在其他任何車輛無法行走的特殊地形行走，因而獲得很高的評價。

裝甲版的
Bv.206 S／BvS 10

但是，在這類任務使用上會構成問題的，在於 Bv.206 不具備裝甲這一點。於是研發出來的是，Bv.206 裝甲版的 Bv.206 S。在 1989 年開始交付給瑞典軍，也被德國、義大利等其他國家採用。

現今的歐美軍火產業因產權的移轉做重新編組，瑞典企業也不例外，Bv.206 S 的生產製造商阿爾維斯．赫格隆（Alvis Hag-glund）也在 1997 年被英國的阿爾維斯（Alvis）公司收購。結果被作為阿爾維斯公司的產品，重新販售的是 BvS 10。BvS 10 是 Bv.206 S 的垂直擴充版（最新改良型），全長、寬度都擴充，收容力提升。BvS 10 首次被英國海軍陸戰隊、法國軍等採用。

DATA	
全　　長	7.6公尺
寬　　度	2.34公尺
重　　量	8.5公噸
乘　　員	2+10人
最大速度	65公里／小時 5公里／小時（巡航）
續航距離	500公里
發 動 機	康明斯（Cummins）6汽缸 柴油引擎 輸出功率275匹（BvS 10）

水陸兩用裝甲運兵車

AAV7水陸兩用突襲車

▼ AAV7

服役年	1970
優越點	曾被稱為 LVT 的兩棲突襲運輸車的發展型。被暱稱為「Amtrak」。

美國海軍陸戰隊的主力裝備

美國海軍陸戰隊從第二次世界大戰的瓜達康納爾島戰役以來，便一直把在敵軍面前強行登陸作戰視為基本的任務。因此，一直以來使用不同於其他部隊的各種水陸兩用裝備。其中為了將步兵從海上運送到海岸，主要裝備是曾經被稱為 LVT（履帶式裝甲車），現役裝備的 AAV7。

LVT 可以說分成了車體設計成船體造型的履帶裝車，以及在船體上加裝履帶式行走裝置兩種。也就是說，它既可以像船一樣浮在水上，也能像履帶式車輛一樣在陸地上行走。因此，在登陸地點的海面進行遊弋※的船上，讓兵員乘坐車體運送上岸，雖然還不足以稱為戰車，卻也裝備某種程度的武裝，可為登陸步兵提供火力支援。

※艦船為防禦敵人，在海上來回移動稱為遊弋。

浮航狀態的 AAV7。水上行駛速度只有 7 節。

新型槍塔裝備車輛AAV7A1。

水陸機動團的候補裝備

在中國對日本表現出侵略的姿態中，目前日本陸上自衛隊正在進行水陸兩棲作戰應對、三個連隊規模的水陸機動團的編組。為這支部隊進行裝備化，被視為最有力的，就是這款AAV7兩棲突襲車。這類作戰對日本自衛隊來說，並不具備車輛研發的專業知識，所以購買在美國已有實戰驗證的AAV7，應該是很適當的做法。

不過，AAV7也有缺點。最大的問題在於水上行駛速度太慢，只有7節（時速13公里）。在敵人面前慢吞吞地行駛，儼然成為甕中鱉。加上車體大、引人注目，裝甲防護力卻很低。因為具備水陸兩用性能，所以這

也是沒辦法的事，進行改良是當前期盼的重點。

DATA	
全　　長	8.161公尺
寬　　度	3.269公尺
高　　度	3.315公尺
重　　量	25.652公噸
乘　　員	3＋25人
最大速度	72.42公里／小時 13.2公里／小時（浮航）
續航距離	483公里
主要武器	40公厘自動榴彈發射器 Mk.19×1 12.7公厘重機槍M2×1
發 動 機	Cummins VT400 8汽缸柴油引擎 輸出功率400匹馬力／2800 轉（AAV7A1）

多管火箭發射系統

M270 MLRS

服役年	1980
優越點	由於可加裝6發227公厘火箭彈，能一次進行大範圍壓制。波斯灣戰爭中，被伊拉克兵視為「鐵雨」恐懼不已。

模仿卡秋莎拿手好戲的火箭砲

提到多管裝火砲，成為代名詞的應該是第二次世界大戰中讓德軍付出極大代價，由前蘇聯軍方發展出來的「卡秋莎」多管火箭。卡秋莎是可在卡車的載台上，裝設簡單的發射器，搭載大量火箭彈的車輛，雖然是簡易武器，殺傷力極強。正確來說，西方對於這樣的武器態度冷淡。這是因為火箭砲的命中精度低，欠缺連續射擊能力。

但是冷戰下，為了對抗以壓倒性的數量取勝，東方部隊猶如怒濤般的侵略攻擊，轉而開始關注火箭武器。火箭彈命中精度低，卻可同時發射多發，換句話說，作為一次對大範圍面積進行壓制的武器特性受到青睞。於是在1970年代後半，由美國研發出M270MLRS。

以M2布雷德利裝步戰車為基礎，研發出具卓越機動性的履帶式裝甲車體。

圖片／日本陸上自衛隊

日本陸上自衛隊的M270MLRS。1992年開始配備野戰特科部隊。

西方的高級火箭系統

　　卡秋莎為簡易的火箭系統，MLRS則是不折不扣的美國高級系統。以M2布雷德利裝步戰車作為基礎，研發出具卓越機動性的履帶式裝甲車體，後方裝備彈箱可做起倒的旋轉式發射器。

　　發射機上掛載了兩具各自可攜帶6枚227公厘火箭彈（如果是大型長射程飛彈的ATACMS則1枚）的彈箱。火箭彈分成幾個種類，基本上採以面積壓制，所以是大量發射的方式。齊射的威力具壓倒性，在波斯灣戰爭中，被伊拉克兵視為「鐵雨」而畏懼不已。不過由於日本自衛隊接受了禁止使用集束炸彈條約，因此改成單頭火箭。

DATA	
全　　長	7.06公尺
寬　　度	2.97公尺
高　　度	2.6公尺
重　　量	24.756公噸
乘　　員	3人
最大速度	64公里／小時
續航距離	480公里
主要武器	227公厘火箭彈12連裝發射器
發動機	Cummins VTA903 8汽缸柴油引擎 輸出功率500匹馬力

在柏林戰爭（1945年）紅軍的卡秋莎火箭砲。

牽引式野砲

FH70式155公厘榴彈砲

▸ FH70

服役年 1963

優越點　搭載輔助動力裝置的牽引式榴彈砲。可做短距離的自主移動，展開與撤收容易。連日本陸上自衛隊也有採用。

西方共同研發的高性能野砲

基於1963年NATO的要求，研發出來的近代近接火力支援榴彈砲，具備牽引、自走能力的行走裝置，以及要求火力性能大幅度提升至比以往火砲射程長、發射速度更快。在1960年代結束到70年代初，由英國、德國以及義大利共同研發。

由英國的維克斯（Vickers）公司和德國的萊茵金屬（Rheinmetall）公司、以及義大利的歐托梅納拉（Oto Melara）公司負責研發火砲部分，德國的福斯（Volkswagen）公司加入輔助動力的研發。在1978年開始製造，更新了各國大戰型舊式野砲。

雖然是牽引式榴彈砲卻搭載了輔

圖片／日本陸上自衛隊

由日本陸上自衛隊的FH70式155公厘榴彈砲發動射擊。

圖片／日本陸上自衛隊

添加偽裝網的日本陸上自衛隊的 **FH70**。

助動力裝置，短距離的話可自行移動。因此展開及撤收容易，所以轉換陣地所需時間短。和以往相比，節奏變快，為現代砲擊戰的重點。而裝填機構裝配半自動式裝填輔助裝置，實現了快速裝填和高發射速度。

日本陸上自衛隊也採用

日本陸上自衛隊作為舊式化的 M1 型 155 公厘榴彈砲及 M2A1 型 105 公厘榴彈砲的後繼，採用了 FH70，1983 年起在日本製鋼所進行授權生產。配發數為 479 具，實際上這個數量比本家的英德義各國更多。配備於各師團、旅團的特科連隊、特科隊等。一般用改造 7 噸卡車的中砲牽引車（FH70 專用）進行拖曳。

但是從開始生產以來已經過了 30 年以上，因為逐漸老舊，在各國進行更新、除役。現在就連是日本自衛隊，也在進行後繼型的檢討。稱為火力戰鬥車的自走式車輛，被視為候補之一。

DATA	
口　　徑	155 公厘
全　　長	12.4 公尺（射擊時）
砲 身 長	6.022 公尺
重　　量	約 9.6 公噸
射　　程	約 30 公里（火箭彈） 約 24 公里（一般傳統砲彈）
發射速度	6 發／分鐘
最快速度	16 公里／小時

牽引式野砲

L118型105公厘榴彈砲

▌ L118 light gun

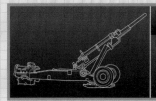

服役年	1975
優越點	因小型輕量、長射程而被世界各國採用的輕裝砲。具運用彈性高,可從遠距離射擊敵人的優越性。

成為西方標準的輕裝砲

1960年代英軍用來作為取代第二次世界大戰型的輕野砲,採用由義大利研發的OTO-Melara Mod 56榴彈砲。該砲被設計為因應山岳部隊需求,所以小型輕量可做拆解,運搬容易。但是,射程短成為缺點。

因此,英軍決定保留小型輕量的設計,研發射程更長的105公厘榴彈砲。於是研發出來的是L118型105公厘榴彈砲,英軍保留其特徵稱為L118輕裝砲。

L118在1982年的福克蘭群島衝突首次上場,向世界展現其優秀能力。之後在

受到25磅砲的影響,車輪下是圓盤狀的台座(美國陸軍規格L119)。

圖片／Richard Watt

在英國陸軍的演習上（2013年）

波斯灣戰爭及伊拉克戰爭也有活躍表現，為世界各國所採用。美軍也採用改良型作為L119。

實現輕量化和長射程

L118為了輕量化，不採用開腳式，而是採用固定式的箱型砲架。獨特之處在於為了容易三百六十度旋轉，抬高砲架使其可搭載於圓盤狀的底座面板上做旋轉，可說是遺傳了第二次世界大戰25磅砲（25 Pounder）的特性。

L118砲身長度比37倍口徑（砲的口徑為75公厘的37倍）和大戰型M101型或Mod56型榴彈砲等來得更長，比起這些火砲，實現了將近5公里長的長射程。這使得運用者能從更遠距離射擊敵方，另外在野砲之間的砲擊戰上，從敵人的有效射程外發動攻擊。

再則，因為小型輕量，容易借由卡車或越野車等做拖曳，就連中型直升機也能進行垂吊空運等，可運用彈性頗高。

DATA	
口　　徑	105公厘
全　　長	8.8公尺（射擊時）
砲 身 長	37倍口徑
重　　量	1.858公噸
射　　程	20.6公里（火箭彈） 17.2公里（一般傳統砲彈）
發射速度	6～8發／分鐘

防地雷反伏擊車

MRAP／M－ATV

▶ MRAP / M - ATV

服役年	2009
優越點	在有著各式各樣種類的MRAP群之中，從補給及維護等問題進行改良的是M-ATV。

所謂的MRAP究竟為何？

在阿富汗、伊拉克之戰爭泥沼展開維安作戰的美軍，使用與之前看慣了的裝甲車稍微不一樣的裝甲車輛。那是MRAP。所謂的MRAP，就是Mine Resistant Ambush Protected＝防地雷反伏擊的意思，在與目前為止完全不同狀態的戰場上，被視為必要的裝備。

事實上MRAP並非指一台車輛。要

說為什麼的話，就是美軍為了先減少眼前的損失，緊急需要越多越好的車輛，只要是可以使用的車輛，對一些缺點睜一隻眼閉一隻眼，幾乎都加以採用。

圖片／U.S. Army

在阿富汗巴基斯坦。M-ATV

正在進行耐爆測試的Cougar裝甲車（MRAP category 2）。

地形車），是依據更適當的規格所研發出來的車輛。2009年從5家候補車輛中，選中並採用了Oshkosh M-ATV。獲得2244輛的訂單，第一批車體很快地在2009年10月送達阿富汗巴基斯坦。之後連阿拉伯聯合大公國也加以採用。

因此MRAP包含的車輛，隨便舉例就有Caiman 4×4 RG-31、RG-33、Cougar H、MaxxPro（category 1）、Caiman 6×6、RG-31E、RG-33L 6×6、Cougar HE 6×6、MaxxPro（category 2）、Buffalo MRV（category 3）。

成為主角的M-ATV

只不過，這樣的舉動不愧是緊急避難處理。雖然是非常時期的措施，運用者對MRA抱有諸多不滿。如果針對各種車輛來說，各自存在許多性能不完整的部分，但無論如何，有這麼多種類的車種，代表有補給和維護上的問題。此外，研發製造商中有許多是新興企業，沒有能力完成美軍的大量訂單，帶來各式各樣的問題。

作為替代計劃的M-ATV（M-ATV全

DATA	
全　　長	6.27公尺
寬　　度	2.49公尺
高　　度	2.7公尺
重　　量	14.7公噸
乘　　員	5人
最大速度	105公里／小時
續航距離	510公里
主要武器	40公厘自動榴彈發射器Mk.19×1 12.7公厘重機槍M2×1 7.62公厘機關槍M240×1
發 動 機	CaterpillarC7 水冷6汽缸柴油引擎 輸出功率370匹馬力（M-ATV）

CHAPTER 04

步 兵 們 的 戰 場

撰文：大久保義信／齋木伸生

伊普爾斯戰役
Battle of Ypres

battle file 01

戰　　爭：	第一次世界大戰
交戰國：	英國、法國 vs 德國
起訖日：	1914年10月19日～11月22日（第一次） 1915年4月22日～5月25日（第二次）
地　　點：	比利時
結　　果：	不分勝敗
戰　　力：	英10個師　法約13個師　比8個師 德約20個師（第一次）　英6個師 法2個師　德7個師（第二次）

1914~

改變步兵戰鬥的近代兵器之威力

第一次伊普爾斯戰役

1914年8月4日，德軍進攻比利時，巴黎近在眼前，卻在第一次馬恩河戰役被阻擋下來，沒有能取得迅速勝利。同盟、協約兩陣營軍隊，雙方打算相互包抄，形成鉗形攻勢，將戰線從瑞士國境延伸到英法海峽。在這樣的狀況中，比利時境內唯一有聯軍持續駐守的，就是伊普爾斯及其周邊地區。德軍為了突破而發動攻陷行動。1914年10月21日，第一次伊普爾斯戰役開始。

德軍為這次攻擊，召募了年輕的志願軍並予以編成，將4個預備軍團投入戰鬥，卻成了可怕的悲劇。僅接受6個星期訓練的年輕人戰意旺盛，一邊咆哮軍歌一邊挽手前進。但是近代戰的現實打破了他們的幻想。面對劇烈的砲擊、機關槍火（舉出最具效果的，據說是熟練程度高的英軍士兵的

第一次世界大戰堪稱是壕溝戰。正在壕溝中沉睡的法軍士兵。

第一次世界大戰結束後化成廢墟的伊普爾斯街道（1919年）。

步槍速射），能夠鼓起勇氣、克盡本分的士兵只限某一部分。

第二次伊普爾斯戰役

1915年4月22日，德軍再度對伊普爾斯發動攻擊。這天，聯合軍的塹壕被黃綠色的煙霧所籠罩。沒錯，這就是首次在第一次世界大戰使用的惡魔武器——毒氣。當天德軍施放的是氯氣。出乎意料的攻擊，使得法軍、加拿大軍多數將兵因此犧牲。

初期德軍在攻勢上奪得先機，但是害怕毒氣的德軍自身行動緩慢，加上法軍撤退，加拿大軍在防線出現缺口的陣線發動反擊，聯合軍總算得以勉強守住伊普爾斯。再則，這次的作戰中，另一個新武器——火焰噴射器，

配載防毒面具隱身在壕溝的澳洲士兵（1917年）。

也是由德軍率先使用。伊普爾斯戰役為20世紀的科學戰揭開序幕。

battle file 01

戰車的登場

The advent of tanks

battle file 02

戰　爭：第一次世界大戰
交戰國：英國、法國 vs 德國
起訖日：1917年11月20日～12月7日
地　點：法國
結　果：不分勝敗
戰　力：英2個軍團　德1個軍團

1917

為了打破壕溝戰的新武器

裝甲和履帶的合體

第一次世界大戰在首戰的攻勢局面後，呈現對峙戰況的兩軍，開始挖掘壕溝，戰線陷入停滯膠著狀態。起初結構簡單的塹壕陣地，隨著戰爭的演進，進化成複雜奇怪的要塞陣地。

肉身的步兵對這樣的塹壕陣地發動突擊，無非是可怕的集體自殺。甚至1挺機關槍，就能將無防備前進的1000名士兵掃蕩殲滅。

為了打破僵局，需要某種形式的新武器。如果只是要反彈機關槍彈，裝甲車也可以辦到。但是輪式裝甲車受到砲擊，就像月球一樣被挖出坑洞，要突破無人地帶或壕溝線是不可能的。在這種情況下被研發出來的，是可以在崎嶇不平的道路上行駛的履帶式戰車。

Mark I型〔雌性〕戰車。

索穆河戰役
康布雷戰役

圖片／Bild 104-0941 A

回收英軍 Mk IV 型戰車的德軍步兵。

世界第一輛戰車 Mk I 型，首度被使用於實戰是在 1916 年 9 月 15 日的索穆河戰役。在這場戰役上，由於戰車數量還很少，散佈在步兵群之中，因此攻擊效果有限。但是，第一次看到戰車的德軍驚慌逃跑，聯合軍占領要塞費爾瑞斯（Flers）。

戰車能夠發揮它真正的價值，是在 1917 年 11 月 20 日康布雷戰役上。這場戰役短時間投入了 450 輛的戰車（參加戰鬥的有 381 輛），協同步

兵前進。戰車軋過鐵絲網，將壕溝填平，成功突破敵陣深入進攻。在攻擊上雖然因為預備兵力不足，無法獲得決定性的勝利，卻突顯出藉由戰車掩護步兵協同作戰，突破敵陣的效果。

世界最初的戰車 Mk I〔雄性〕（在索穆河戰役／1916 年 9 月 25 日）。
世界第一輛戰車是由海軍霸主英國所研發。

battle file 02

滲透戰術
Infiltration tactics

battle file 03

戰　爭：	第一次世界大戰
交戰國：	英國、法國、美國、 比利時vs德國
起訖日：	1918年3月21日～7月17日
地　點：	法國／比利時
結　果：	不分勝敗
戰　力：	英法美比192個師　德173個師

1918

德軍研究出來的新型戰術

對戰車態度冷淡的德軍

關於突破壕溝戰的新武器，戰車的相關技術，並非只有英國知道。實際上，敵方陣營的德國也誕生出類似戰車的新武器構想。但是，德國對這項新武器態度冷淡（事實上就連英國陸軍也反應冷淡，戰車有海軍的邱吉爾作為後盾才獲得實用）。

取而代之，德軍似乎在步兵部隊的戰術，以及攜行武器的改良上發現了活路。作為測試這些發現的實驗部隊，在1915年3月編成突擊部隊。突擊部隊在凡爾賽攻防戰顯示出其有效性，從1916年10月起，逐漸編成對應西方戰線各軍的一個大隊。

圖片／Bild 183-R29407

西方戰線的英軍壕溝（1918年）。如果說聯國突破壕溝戰是因為戰車的登場，那麼滲透戰術就是德軍作為反壕溝戰略而誕生。

法軍的火砲陣地（凡爾塞攻防戰）。

從縫隙瓦解敵陣

　　突擊部隊類似一種特種部隊。他們攜帶切斷鐵絲網的剪線鉗以及準備在壕溝內戰鬥的短機槍和大量手榴彈，接受砲身縮短並輕量化的野砲、迫擊砲、火焰噴射器的支援。

　　突擊部隊在敵陣前線分成小隊進行突擊，避開敵方強力陣地，專挑防備較弱的部分，從中滲透擴大突破口。迂迴的據點交給後續部隊，毫無顧慮地持續前進，朝敵軍後方繼續滲透，最後在敵陣開出一個大洞。

　　這樣的滲透戰術在1918年3月21日開始，由德軍孤注一擲發動的大攻勢，在「皇帝會戰（德語：Kaiserschlacht）」發揮了它真正的價值。殲滅英國第3軍團的德軍，從突破口有如洪水般湧入擴大戰果。然而，補給運輸趕不上前線的快速進擊，戰鬥終於止息。滲透戰術要發揮真正的價值，需要另外一項要素——機械化。

圖片／Bild_146-1974-050-12

A7V突擊戰車。德國在皇帝會戰首次投入實戰的戰車。

battle file 03

冬季戰爭

battle file 04

Winter War

戰　爭：第二次世界大戰

交戰國：芬蘭 vs 蘇聯

起訖日：1939年12月11日～1940年1月7日
　　　　（蘇奧穆斯薩爾米戰役）
　　　　1939年12月26日～1940年3月13日
　　　　（拉多加湖畔卡累利阿戰役）

地　點：芬蘭

結　果：芬蘭軍獲勝

戰　力：芬蘭約1萬1000人　蘇聯約4萬
　　　　5000～5萬人（蘇奧穆斯薩爾米戰役）
　　　　芬蘭約3萬人　蘇聯約9萬人
　　　　（拉多加湖畔卡累利阿戰役）

1939～

使閃電戰受挫的柴堆戰鬥

蘇奧穆斯薩爾米的奇蹟

　　1939年11月30日，蘇聯率領壓倒性的兵力入侵芬蘭。蘇聯企圖重現同年9月，德國在波蘭施行的鮮明閃電戰。在作戰初期被視為非常危險的，是位在芬蘭中部的蘇奧穆斯薩爾米地區。蘇奧穆斯薩爾米與西邊的波的尼亞灣距離最短，只要突破這裡，國土將會被分成南北兩塊。

　　因此，蘇聯在這裡投入裝備完整的兩個師。芬蘭軍幸運之處在於，戰地是極為崎嶇的地勢，蘇聯軍隊能夠移動的路徑侷限於少數路線。相較之下，芬蘭軍能夠

芬蘭的雪橇兵。由小部隊在森林內移動，展開游擊戰。

在冬季戰爭中的芬蘭士兵。運用地形巧妙作戰。

在森林小徑中使用滑雪板和雪橇移動。充分利用地利優勢的芬蘭軍，藉由小部隊展開游擊作戰，在各個地方將拖得像蛇一樣長的蘇聯軍縱隊分開、孤立，成功予以各個擊破。

卡累利阿的柴堆戰鬥

　　芬蘭軍採用這樣的戰鬥模式，被稱為「柴堆（Motti，柴堆一詞在芬蘭語中指伐木時用來計算木材的用語，後來用來指滾成一堆被包圍的蘇聯部隊）」戰術。原本這個用語並非在蘇穆斯薩爾米戰役時使用，而是用在之後的卡累利阿的戰鬥時。

　　卡累利阿位在拉多加湖北方，只要蘇聯突破卡累利阿，就可以繞到卡累利阿地峽背後，突破芬蘭軍防衛線。人數不敵蘇聯的芬蘭軍，分開孤立蘇聯的縱隊，採取柴堆戰術，切斷補給，集中兵力予以各個擊破。但是在這場戰役中，蘇聯軍過於強大，好幾個大柴堆的蘇聯兵，能夠苟延殘喘到戰爭結束。

曳光彈在芬蘭和蘇聯的國境線附近交錯。

battle file 04

史達林格勒攻防戰

Battle of Stalingrad

1942~

battle file 05

戰爭：第二次世界大戰

交戰國：德國、匈牙利、羅馬尼亞、
　　　　義大利 vs 蘇聯

起訖日：1942年9月13日～1943年2月3日

地點：俄羅斯

結果：蘇聯獲勝

戰力：德國、匈牙利、羅馬尼亞、
　　　義大利85萬人　蘇聯170萬人

讓德軍止步陷入泥沼的城鎮戰

錯失勝利良機的德軍

　　1942年6月28日，由對蘇聯開戰第二年的德軍，所發動的夏季攻勢。希特勒的目標是佔領高加索及巴庫油田的資源地帶。德軍佔領沃羅涅日後，將南方集團軍分成A集團軍和B集團軍，下令兩軍進攻史達林格勒，包圍並殲滅在頓河流域的敵軍。

　　希特勒相信蘇軍在此撤退，已成功使戰力衰竭的蘇軍瓦解、敗逃。但事實上，這是蘇軍的計劃性撤退。因燃料不足以及一時間戰車部隊被接收等因素，而大大延誤了對史達林格勒的

圖片／Bild_183-P 0613-308

史達林格勒戰的本質是規模超乎想像的城鎮戰。

陳屍在史達林格勒市內的德軍屍體。

攻擊。他們9月3日在史達林格勒西部完成包圍網，然而蘇軍的主力軍在千鈞一髮之際逃過沒被包圍，逃向史達林攻格勒城內。

圍繞在史達林格勒的步兵戰

9月13日，德軍開始對史達林格勒發動攻擊，蘇軍持續奮力抵抗。然而，在錯綜複雜的城鎮裡，戰車及砲兵派上用場的機會有限。因此，

城鎮戰的主角便成了步兵。他們只能在史達林格勒的街道巷弄間、建築物裡，展開逐屋戰鬥的近身距離作戰。

蘇聯兵透過地下水道神出鬼沒地出現在德軍後方，發射PPsh衝鋒槍才有的手榴彈。並且大量運用狙擊。在史達林格勒戰役中，最成功及最出名的狙擊手是瓦西里・柴契夫。但是，德軍在11月初成功佔領了9成的史達林格勒。

德軍認為勝利就在眼前，11月19日蘇軍做出孤注一擲的反攻大計——「天王星行動」。該行動使史達林格勒的德軍反被包圍，第6軍的包路斯將軍奉希特勒之命堅守作戰，最終在1月31日投降。在那之後，儘管史達林格勒北部的戰鬥仍在繼續，卻也在2月3日結束。

圖片／Bild_183-P 0613-308

蘇聯士兵揮著紅旗慶祝勝利（1943年1月）。

battle file 05

硫磺島戰役
Battle of Iwo Jima

battle file 06

戰　　爭：第二次世界大戰
交戰國：日本 vs 美國
起訖日：1945年2月19日～3月26日
地　　點：日本
結　　果：美軍獲勝
戰　　力：日本2萬1060人　美國7萬人

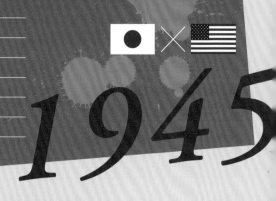

1945

日軍守備隊造成美攻擊部隊的損失
超越自身損失的太平洋戰爭唯一戰役

硫磺島攻略作戰

1944年8月，美軍佔領關島、塞班等馬里亞納群島的各小島，對日本本土展開戰略轟炸行動。在此受到重視的是，剛好位於馬里亞納群島和日本本土中間的硫磺島。硫磺島對日本來說，是防備空襲的前哨陣地。另一方面，對美國來說，則成為轟炸機緊急著陸場、護航戰鬥機的出擊基地。

1944年10月3日，美國太平洋艦隊總司令尼米茲上將下令佔領硫磺島。1945年2月19日展開的硫磺島登陸作戰，是由第3、第4、第5三個海軍陸戰師所組成的空前規模，並

用37公厘砲攻擊摺缽山的美軍。

由16艘航空母艦、8艘戰艦、15艘巡洋艦構成的艦隊支援登陸。日本軍在岸邊的反擊很輕微，因此海軍陸戰

隊很快地得以上岸。

迎擊美軍的洞窟陣地

日軍硫磺島守備隊司令官為栗林忠通中將。他放棄在這之前陸軍所重視的灘岸擊滅戰術和萬歲衝鋒，為了盡可能造成敵方的損傷，他指導士兵建構洞窟陣地，進行一場頑強的持久戰。他等待美國海軍陸戰隊集中在海岸的瞬間，才下令開始攻擊。

栗林中將建造的洞窟陣地沒有遭到美軍艦隊的砲擊破壞，反而讓登陸的海軍陸戰隊知道日軍不是好惹的。美國海軍陸戰隊

1945年2月23日，在摺鉢山飄揚的星條旗和手持M1卡賓槍的海軍陸戰隊。

日軍發揮威力的四式四十公厘噴射砲。

在戰車的支援下，緩緩前攻，必須用火焰噴射器和手榴彈，一個個地將洞窟陣地和單兵戰壕破壞。

然而，面對壓倒性的戰力差距，硫磺島守備隊組織性的抵抗在3月26日落幕。栗林中將像是早有覺悟般，雖然無法擊退美軍，卻讓美軍付出慘痛的代價。相對於日軍戰死下落不明者的2萬129人，美軍的傷亡人數超過了2萬8686人。

battle file **06**

中國人民解放軍的人海戰術

Human wave tactics of the People's Liberation Army

battle file 07

戰　爭：韓戰

交戰國：北韓、中國vs聯合國軍（韓國、美國、英國、土耳其等）

起訖日：1950年6月25日～1953年7月27日簽署停戰協定

地　點：朝鮮半島全土

結　果：目前仍維持停戰狀態

1950~

技術 VS「人海戰術」的壯烈戰役

填滿雪原的步兵海

基於北韓侵攻南韓，在1950年6月25日開始的韓戰，因同年10月底中國軍的介入※而進入第二回合。

當時中國軍採用的是「人海戰術」。並非利用航空火力、砲兵火力、機甲戰力，只是一味地集中步兵，以數量上的優勢來突破敵方陣地的戰術。在雲山戰區第一次遭遇中國軍攻擊的韓國陸軍第1師將兵，看到幾乎要將雪原填滿的廣大步兵，面對砲火及機槍的阻擊卻不當一回事的模

橫跨鴨綠江的中國士兵。

樣簡直嚇壞了。

嗩吶與鼓

此外，中國擅於偽裝，並巧妙地利用天候和地形進行迂迴滲透。繞到目標的聯軍部隊後方並進行包圍的中國軍，以人海戰術在大半夜發動突擊，將聯軍部隊各個擊破。幾乎沒有裝備無線電機的中國軍，將嗩吶和鼓

※：為了不和美國直接對決，以「志願軍」的名義軍事介入。

運送著士兵及武器的列車遭受轟炸的情景。

運用在部隊的指揮統制上，並且大量使用手榴彈。

　　嗩吶在殺氣騰騰的嚴寒暗夜響徹起

因戰爭而荒廢的城鎮與士兵。

來，在手榴彈不停轟炸中，大批中國兵湧上來，聯軍士兵驚慌逃走。某支美國海軍陸戰隊部隊，發覺中國兵藉由嗩吶吹起「嗒哩啦～哩啦」接近自軍陣地面前，當傳出「哩啦！」一聲，便一起投擲手榴彈的戰法。因此，海軍陸戰隊隊員一聽到「嗒哩啦～哩啦」，就胡亂地在自軍陣地投出手榴彈，將中國兵炸飛，不過這樣的成功案例畢竟是少數。

　　聯軍短短20天的時間，便後退了300公里退至38線以南。此為「12月的撤退」。

battle file 07

越南的游擊戰

Guerrilla warfare of Vietnam

battle file 08

戰　爭：越戰

起訖日：1965年（美軍正式介入）～
　　　　1975年4月30日

交戰國：北越、人民解放戰線vs南越、美
　　　　國、多國籍軍事支援軍

地　點：南北越

結　果：南越消滅、北越統一越南

1965~

藉由轉成近身距離戰以封殺美軍火力

「抓住美國鬼子的腰帶！」

　　越戰的特徵不論怎麼說，就是無戰線戰爭－游擊戰。這個跟上一階段法國的「印度衝突」一樣，即便是在火力及機械力具有優勢的近代軍隊，只

搭乘小船，發動奇襲作戰的越南兵。

要是遠征軍，置身在具有敵意（或是不「友好」）的當地人中，就無法獲得勝利。原本「游擊（guerrilla）」的語源，是根據19世紀初，面對進攻伊比利半島的拿破崙軍，西班牙軍和反抗勢力不斷進行大眾蜂起型的游擊戰（小型戰爭＝guerrilla），使法國軍隊因久戰疲憊不堪被迫撤退的史實，然而在20世紀以及今天，還是一樣的意思。

分散與集中

　　不過，對游擊勢力抱持著「用較為落後的武器對抗大

在戰場上活躍的越南共和國軍的M-113型裝甲車。

國軍隊的農民和市民」的普遍戰觀並不正確。

　游擊戰常用的設陷阱埋伏戰，的確具有消耗外來強權戰力、挫其銳氣的效果。另外，由游擊（反抗）組織組

北越對南越民族解放戰線發動春節攻勢，進行避難的南越市民。

成的聯絡網，也是偵察及情報收集的重要手段。

　但是，進行影響戰局的決定性作戰的，是正規軍的火力（這裡指的是北越軍）。在難以與友軍部隊協力合作的越南叢林地帶及山岳地帶，北越軍最大限度地運用當地優勢包圍美軍部隊，果敢地挑起近身作戰。如此一來敵我的距離太過接近，砲擊或轟炸會將友軍一併捲入，因此不能進行。

　北越軍的將軍下令「抓住美國鬼子的腰帶！」，北越軍藉由轉成近身距離作戰，封殺美軍的火力。

battle file 08

直升機降落（越戰）

Heribon [Vietnam War]

〈UH-1 Iroquois 規格〉
機身長：12.9公尺
旋翼直徑：14-6公分
最大速度：205公里／小時
乘員：2名＋士兵9～13名

1965~

直升機能夠壓制叢林戰嗎？！

越南發展出來的新戰爭

在韓戰中，美國海軍陸戰隊集體運用直升機，將步兵部隊迅速空運至前線，進行空中機動作戰。在那之後，將這種運用直升機仿效「空降（降落傘降落）」的作戰，稱為「直升機降落（heliborne）」。

空降需要特別訓練兵隊，光是著地時受傷或是被風吹走就會造成兵員的耗損，如果是機降（直升機降落），普通步兵只要坐進直升機中，就能執行確實空中機動。

在陸上作戰之

圖片╳manhhai

越戰的主角「直升機」。

中，一般步兵能夠迅速進行長距離展開的直升機機降，便成為革命性戰術。

接著在1954年開始的阿爾吉利亞獨立戰爭期，企圖採取軍事鎮壓的法軍也實施機降。並且在直升機上搭載機關槍、火箭彈以及反戰車飛彈，因而提高了攻擊性。

美軍士兵在直升機的掩護下進軍。簡直就是直升機的戰爭！

越南、直升機的戰爭

然後終於在越戰中，演變成投入以萬為單位的直升機，被稱為「直升機的戰爭」。不過，大量使用的UH-1 Iroquois是在1956年完成的多用途直升機。最初美軍採用的制式名稱是「HU-1」，之後改名為「UH-1」，暱稱則原封不動地保留下來。

最初越共勢力被直升機作戰壓著打，最後終於構想出在起降瞬間以全火力攻擊直升機的戰術。

事實上，減慢速度降至接近地表的直升機，既不是在空中飛的航空機，也不是踩在地面上作戰的陸戰兵器，瞬間化身成不穩定的脆弱存在。美軍在這場戰爭中，實際損失了將近5000架的各式直升機。

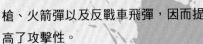
起降瞬間是最大的弱點！越共勢力瞄準這一瞬間…

battle file 09

伊斯蘭的全戰車主義

Israel of "all tank Doctrine"

battle file 10

戰　　爭：第四次中東戰爭

交戰國：伊斯蘭vs埃及、敘利亞聯軍、其他

地　　點：西奈半島及戈蘭高地

結　　果：因為幾乎不分勝負的狀況而停戰

1973

輕視步兵的代價。伊斯蘭戰車群的悲劇

從沙漠發展出來的極端戰術

第二次世界大戰後，將戰車部隊、步兵部隊、砲兵部隊混合編成的「諸兵種聯合部隊」，成為先進國陸軍的標準編成。

但是在國土狹小人口（人力）稀少加上四周被敵國包圍，只能速戰速決的伊斯蘭，裝甲機動武器——戰車，成為陸軍的主體，於是便有人提倡以至採用以戰車部隊單獨進行突破作戰的「全戰車主義」。

橫跨蘇伊士運河的埃及軍。

反戰車飛彈「賽格」

那是因為有著中東地形多為沙漠開闊地的背景。在這樣的地形下，即使

在戈蘭高地行駛的伊斯蘭軍戰車。

擊的伊斯蘭戰車部隊，在埃及、敘利亞聯軍配備大量且具組織性的AT-3賽格／9M14反戰車飛彈的遠距離攻擊下，陸續被擊破。

如果AT-3賽格的最大射程是3000公尺，便足以對抗戰車砲的射程，而且以行李箱程度的箱子就能搬運及發射，所以變換陣地也很容易。想要驅逐埃及、敘利亞聯軍在沙漠展開的反戰車飛彈小隊，只能投入步兵部隊。再則，即使戰車部隊成功單獨突破防線，要牽制裝備著RPG7緩緩接近的埃及、敘利亞聯軍，需要己方步兵，但基於全戰車主義進行戰鬥的伊斯蘭軍，並不具備完備的步兵部隊。

將大戰型的反戰車砲排成一列也很難掩蔽，從射程外發現，容易以戰車砲力加以壓制，或是運用戰車特有的速度繞到敵方側面。

然而，在1973年的第四次中東戰爭，情況卻不一樣了。突然發動襲

基於這次戰訓，伊斯蘭軍在這次戰爭後，也回歸於編組完善的諸兵種聯合部隊。

圖片／Marko M

擊破伊斯蘭戰車部隊的9M14M Malyutka-M。

battle file 10

福克蘭戰爭
Falklands War

battle file 11

戰爭：福克蘭戰爭
起訖日：1982年3月19日～6月14日
交戰國：阿根廷 vs 英國
地點：福克蘭半島
結果：英國成功奪回失地

1982

為大口徑彈狙擊所苦的英軍

「西方陣營」的戰爭

為了爭奪圍繞在位於大西洋上靠近南美大陸南端的福克蘭群島（阿根廷稱「馬爾維群島」）的主權歸屬，英國和阿根廷爆發的戰爭為「福克蘭戰爭」。

這場戰爭的交戰兩國隸屬於西方陣營，宗教為基督教（有新教和天主教會的差別），而且武器體系也類似的——罕見戰爭。其中在步兵武器方面，兩軍都裝備步槍為7.62×51公厘口徑的FN-FAL、機關槍果然也是7.62×51公厘口徑FN-MAG的相同武器。在這樣的狀況下，只有阿根

阿根廷軍在作戰區進行槍擊戰的情形。

廷軍配備的是12.7×99公厘口徑的M2大口徑機關槍。

大口徑的威力

5月21日，英軍在福克蘭半島西北部登陸。然而在25日，遭受阿根廷軍機所發射的空射反艦飛彈「飛魚式反艦飛彈」直擊，大西洋運輸者號（SS Atlantic Conveyor）裝載著大

折磨英軍的M2大口徑機槍。

型運輸／中型直升機以及各種裝軌車、機材沈沒大海。

收到第3突擊旅長頒佈「軍靴就是運輸手段」的檄文，英兵以徒步進攻，卻為在各地採用各種武器及夜視裝置進行防衛戰的阿根廷軍所苦。尤其面對阿根廷士兵在隱蔽陣地拿

投降的阿根廷士兵。

著大口徑機槍M2採半自動射擊的狙擊戰術，手提式小火器的射程、威力皆無法對抗，使得傷者不斷出現。

最後英軍找出機槍座的位置，以米蘭反戰車飛彈對各個機槍座進行精確定位（pinpoint）攻擊，才終於予以壓制。

這場戰役由大口徑槍造成遠距離狙擊的有效性受到注目，巴雷特M82反物質狙擊槍因而誕生。

battle file *11*

蘇聯軍隊在阿富汗的游擊掃蕩作戰

Afghan guerrilla mopping-up operation of the Soviet Army

battle file 12

戰　爭：阿富汗戰爭（蘇聯）
起訖日：1979年12月24日～1989年2月15日
交戰國：蘇聯、阿富汗民主共和國vs游擊勢力
地　點：阿富汗
結果：蘇聯軍隊撤退

1979~

圍繞著補給線的攻防。陷入泥沼的反游擊戰

沿著山頂高點的作戰

入侵阿富汗並建立起傀儡政權的蘇聯，很快陷入與武裝勢力的游擊泥沼。蘇軍佔領的據點需要補給，然而在以山岳險要地帶居多的阿富汗，平時要經由車輛進行物資輸送已經很困難。想當然爾，游擊隊勢必會攻擊補給路線。因此，確保穿越險要山頂或狹谷的貧瘠道路，便成為蘇軍的重要作戰目的。

當時蘇軍知道自身的裝備體系不符合實戰情況。以在平坦地形運用為前提所設計的蘇聯戰車，火砲的俯仰角小，無法射擊上方和下方的游擊隊。而至關重要的步兵戰鬥車BMP 1的裝甲，也無法防禦游擊隊的重機槍。就這樣蘇聯製戰車、裝甲車、卡車，在山路的最高點呈現殘骸累累的場面。

衝入戰區前的蘇軍特種部隊。

架著人員攜行式空防系統（MANPADs）的阿富汗聖戰者（Mujahideen）。

誘餌作戰

　　1987年11月，蘇軍在游擊勢力集結地的山頂實施攻略作戰。為了掌握住游擊勢力的重火器及對空武器的位置，蘇軍實行的獨特戰術，是將偽裝成傘兵的人偶空降而下的誘餌作戰。

從阿富汗撤退的蘇聯士兵。

　　誘餌作戰相當成功，中計的游擊部隊發射火箭，曝露了自己的位置。對此，蘇軍下令砲兵部隊發動猛烈砲擊，裝甲車化步兵部隊前進。

　　險要地形造成砲兵火力效果低下，加上要掌握步兵部隊的置以及與鄰近部隊聯手作戰也很困難，不過蘇聯一度成功壓制了此地區。此舉能夠成功，是因為集中了大量砲兵火力，就某種意義來說，是場C/P值（性價比，意指性能與價值的的比例）很低的戰爭。因此，蘇聯軍無法保住該地區，隔年就被游擊隊奪回。

battle file 12

森蚺行動
Operation Anaconda

battle file 13

起訖日：2002年3月2日～3月18日
交戰國：美國、阿富汗軍、其他vs武裝勢力
地　點：阿富汗

2002

在一片混亂中失敗的美國突襲作戰

高地溪谷的作戰

遭受「911恐怖事件」後，2001年10月7日美國為了殲滅賓拉登率領的蓋達組織，進攻阿富汗。雖然推翻了與恐怖組織蓋達（Al Qaeda）結盟的塔利班（Taliban）政權，但餘黨仍持續頑強抵抗，而且也還無沒抓到賓拉登。在2002年3月2日開始的「森蚺行動」，對美軍而言，是在一次作戰中造成慘痛損失的最壞行動。

行動的目的是摧毀集結在阿富汗與巴基斯坦國境山岳地帶的蓋達及塔利班餘黨勢力。美國陸軍、美國特種作戰部隊、阿富汗軍方包圍海拔2000

從直升機降下，執行森蚺行動的美軍。

公尺等級的沙伊庫特山谷（Shah-i-Kot Valley）。前進、緊緊纏住並殲滅，從這樣的行動取名為「森蚺行動」。

求快不求好作戰

雖然有句話叫：「兵貴神速（惟有

圖片／DoD

在阿富汗森蚺行動中的美國陸軍第101空降師團。

速戰速決才能保持戰果／孫子）」，但是森蚺行動太過急躁。都還沒確定敵人的位置，敵兵預估人力從150到4000不等，差了一位的估計數字，等於還摸不清楚狀況。美國各軍及阿富汗軍之間的協調也不夠充分，簡單

美軍士兵發射M120 120公厘迫擊砲，進行火力支援。

來說就是倉促行事。

從第一天美國的AC-130誤射地面部隊的錯誤開始。之後也因無法承受火力十足的砲擊及轟炸而導致攻擊停滯，前去近距離支援的AH-64攻擊直升機，「從上方」受到猛烈的射擊，被打得千瘡百孔。這是因為武裝勢力在溪谷頂部部署了射擊陣地。

在那之後，契努克（Chinook）大型直升機及黑鷹直升機雙雙墜機，發生阿富汗軍隊戰車和美軍步兵友軍互射等，森蚺行動在一片混亂中毫無戰果地結束。

battle file 13

伊拉克戰爭
Iraq war

battle file 14

起訖日：2003年3月20日～5月1日

交戰國：伊拉克

結　果：海珊政權被推翻

2003

伊拉克進攻作戰「伊拉克的自由作戰」。
其結果為…

巴格達閃電戰

伊拉克戰爭。因實施精確定位轟炸起火燃燒的巴格達總統宮殿。

2003年3月20日，伊拉克薩達姆‧海珊政權決定與蓋達共同戰鬥，美國布希政權正式宣布對伊拉克開戰——「伊拉克自由作戰」。持續

和游擊軍隊在首都巴格達展開槍擊戰。

186

圖片／DoD

伴隨薩達姆‧海珊襲擊一起進行的訓練情形。

地由隱形戰機及海軍的巡航飛彈實施精確定位攻擊，同日的夜間地面部隊以巴格達為目標開始進擊。那是在擁有壓倒性的制空權下，由戰車、機械化步兵部隊、砲兵部隊的諸兵種聯合軍突擊前進的閃電戰。

　　伊拉克正規軍不知道是不是拔腿就跑，沒有遭遇組織性的反擊，即使伊

圖片／Dod

4月4日，美軍機甲部隊佔領巴格達的薩達姆機場。

拉克軍隊戰車和砲兵想反擊，也是被美軍的空地一體戰予以擊破。成為美軍突進障礙的並非伊拉克正規軍，而是來自補給部隊無法跟上攻勢猛烈的戰鬥部隊的速度，及民兵的游擊攻擊。

入侵巴格達

　　4月4日，美軍開始進攻巴格達，當天之內，美國陸軍部隊佔領了巴格達西南部的薩達姆機場。接著推翻大部分人估計將花上幾天時間整合友軍部隊的預測，在隔天的5日美軍機甲部隊進攻巴格達。

　　在那之後，美國陸軍機甲部隊一連幾天發動突襲、壓制巴格達中心部。8日海軍陸戰隊壓制了東南部的空軍基地。9日，美國機甲部隊連續幾天進行攻擊，海珊政權崩壞。簡直就是沙漠的閃電戰，5月1日布希總統宣布戰爭勝利（海珊於12月13日被抓獲）。

　　然而，對美軍來說，真正的戰爭才正要開始。

battle file 14

武裝勢力 vs 美軍

Iraq Guerrilla army VS the United States Army

2003~

陷入泥沼的武裝勢力掃蕩戰

「伊拉克戰爭後」的戰爭

美國雖然如閃電般快速推翻了伊拉克的薩達姆・海珊政權，對於作為之後統治的策略及手段，卻完全沒有準備。且其佔領政策無視當地文化及習慣，近乎稚拙。因而導致治安與反美情緒急遽惡化，於是國際恐怖組織流

推測由300至500磅大小的IED引爆炸毀的美軍美洲獅（Cougar）裝甲車。

入，加上海珊政權的餘黨及各派民兵混雜，美軍漸漸陷入武裝勢力掃蕩的泥沼。

IED的戰爭

伊拉克（阿富汗也是）反美武裝勢力大多採用IED戰術。所謂「IED」，就是指「Improvised Explosive Device＝應急爆炸裝

伊拉克城鎮。述說著IED炸彈的威力。

置」，因為是現成的「即造爆炸裝置」或是常在路邊設置，所以很多時候也被稱為「路邊炸彈（roadside bomb）」。

聽到「應急爆炸裝置」一詞，似乎會給人一種快速製成、低威力的手製炸彈的印象，只是因為沒有被作為正規軍的制式武器加以命名及編號，才用「應急」稱呼，IED以現成的砲彈、航空炸彈、高性能炸藥臨機應變設計組裝，就能藉由各種引爆方法成為滿足當時需求的強力自製炸彈。

譬如說，在垃圾場安置炸藥並連接

海軍陸戰隊的「IED DETONATOR」。用於使IED失去威力或排除。

2010年6月在阿富汗南部清除IED的海軍陸戰隊隊員。

信管，用手機在遠距離遙控引爆殺傷巡邏隊，而在路邊裝設有線信管並裝置10個左右的152公厘砲彈，將美軍的護送部隊炸飛等只是小兒科，2003年10月以堆疊三層的大型反戰車地雷將M1A2戰車整個炸飛。

不僅如此，曝露在IED攻擊下的將兵，為爆炸而引起的衝擊波、爆風造成腦組織損傷「TBI（Traumatic Brain Injuries）＝創傷性腦損傷」，導致頭痛、記憶受損、集中力低下所苦。

伊拉克戰爭（以及戰爭後的衝突）中，美軍傷亡人數約3500名，其中因IED攻擊戰死者約2200名（根據資料而有所差異），實際上超過六成。

battle file 15

Epilogue

　19世紀後半，使用金屬彈殼裝彈的步槍普及後，步兵便成為地面戰的主力。那是由於在火砲性能及移動手段尚未發達的當時，具有足夠射程、機動力（雖然是徒步），數量也齊全——滿足這些條件的兵種（戰力），只有手持步槍的步兵。

　來到了20世紀，火砲的能力隨著第一次世界大戰急速提升後，陸戰火力的主力看似變成了砲兵。「砲兵耕耘，步兵佔領」之說，也是第一次世界大戰期間誕生。但是，就像這句話所要傳達的，佔領敵陣的只有步兵。而戰訓也告訴我們，只靠砲擊（及轟炸）無法使巧妙建造的陣地無力化，只能將步兵部隊送進陣地。

　不僅如此，近年來島嶼防衛也成為日本主要問題。要奪回被敵軍佔領的日本領土島嶼，確保制空權及制海權，絕對是首要條件。但是壓制佔領島嶼的敵兵、奪回土地，是只有手持步槍的步兵（日本陸上自衛隊的「普通科」）才能辦到的任務。

　現代步兵由於電子及資訊科技的普及，運用宇宙資源整合陸海空戰力的情報整合變革已經來臨。透過GPS可正確掌握彼我的位置，融合我方地面部隊及空海部隊的資訊，正確地掌握戰況。以及率先從有利位置射擊敵兵，或是引導我方砲擊或飛彈做精確定位攻擊——。

　現代步兵是立體化作戰打擊能力的「尖兵」。

主要参考文献

■ 自衛隊装備年鑑 朝雲新聞社
■ 陸上自衛隊装備百科 イカロス出版
■ 軍事研究 新兵器最前線5世界のハイパワー戦車&新技術
■ 軍事研究 新兵器最前線7陸戦の主役 ハイパー装輪装甲車
■ 軍事研究 新兵器最前線11 10式戦車と次世代大型戦闘車
■ 第一次世界大戦 上下 リデル・ハート 中央公論社
■ 歴史群像 戦略・戦術・兵器詳解 第一次世界大戦 上下 学研
■ 冬戦争 イカロス出版
■ 歴史群像 欧州戦史シリーズ スターリングラート攻防戦 学研
■ 硫黄島の戦い1945 大日本絵画
■ 雑誌 軍事研究 丸 Jグランド グランドパワー 各巻

TITLE

近未來&最新　步兵裝備 圖解檔案

STAFF

出版	瑞昇文化事業股份有限公司
作者	大久保義信／齋木伸生／あかぎひろゆき(Akagi Hiroyuki)
譯者	劉蕙瑜

總編輯	郭湘齡
責任編輯	黃思婷
文字編輯	黃美玉　莊薇熙
美術編輯	謝彥如
排版	執筆者設計工作室
製版	昇昇興業股份有限公司
印刷	皇甫彩藝印刷股份有限公司
法律顧問	經兆國際法律事務所　黃沛聲律師

戶名	瑞昇文化事業股份有限公司
劃撥帳號	19598343
地址	新北市中和區景平路464巷2弄1-4號
電話	(02)2945-3191
傳真	(02)2945-3190
網址	www.rising-books.com.tw
Mail	deepblue@rising-books.com.tw

本版日期	2018年8月
定價	280元

ORIGINAL JAPANESE EDITION STAFF

編集	株式会社ピーアールハウス(榎本洋、志鎌和真、中西章乃、市野瀬知佳、舟岡愛泰)
デザイン	三枝未央
イラスト	渡邊文也

國家圖書館出版品預行編目資料

近未來&最新 步兵裝備圖解檔案 / 大久保義信,
齋木伸生, あかぎひろゆき作；劉蕙瑜譯. -- 初
版. -- 新北市：瑞昇文化, 2016.04
192　面；14.8 x 21　公分
ISBN 978-986-401-087-5(平裝)
1.武器 2.軍需

595.9　　　　　　　　　　　　　105003583